元防衛省情報本部主任分析官
樋口敬祐

ウクライナとロシアは情報戦をどう戦っているか

誰もが情報戦の戦闘員

並木書房

はじめに

　2022年2月24日、突如としてロシアがウクライナに侵攻しました（以下「ロシア・ウクライナ戦争」と呼称）。正確にはその数か月前からロシア領土内のウクライナ国境周辺でロシア軍は演習を繰り返し、米国政府はその動向に関してロシア政府に懸念を伝えていました。また、ロシア軍がウクライナへ侵攻する可能性について、世界に向けて注意喚起をしていました。

　実際、ロシア軍がウクライナ国境付近で軍事演習をしている情報は民間の衛星画像情報においても確認でき、米国政府は通常は秘密にしている「インテリジェンス・インフォメーション」とされる軍事機密情報まで開示しました。

　しかし、各国の報道機関、国際政治および軍事の専門家の多くは、これらの情報に基づくロシア側の行動は、単なるブラフ（脅し）であり、合理的に考えて軍事侵攻はあり得ないと解説していました。当事者のウクライナ政府でさえ、米国からの情報提供や警告は「いたずらに緊張を煽るだけだ」

として、そのような情報を流さないように訴えていたのです。

なぜ、このような判断ミスが起きたのでしょうか？　それは、関係者のあいだに「現状維持バイアス」があったことがいちばんの要因だと思います。「現状維持バイアス」とは、警戒を示す兆候があっても、何も変わらないで欲しいと思い込みたがる、人間の心理に根ざした認識の偏り（かたより）です。特に過去の事例などをよく知っている専門家ゆえに陥りやすいバイアスといわれています。

「ロシア経済は比較的好調で、それがプーチン政権の安定化につながっている」→「もしロシアが軍事侵攻すれば、欧米諸国は経済制裁を科すだろう」→「そのリスクを無視してロシアがウクライナに侵攻してもメリットはない」と考えたからです。ロシアが軍事侵攻したあとですら、経済的・軍事的合理性のなさについて多くの識者が指摘し、戦争は早く終結するのではないかとの見通しを示しました。

当時、米国の情報機関に対する信頼は国際的に低下していました。2003年の米国によるイラク攻撃に際して、パウエル米国務長官は「イラクが大量破壊兵器（WMD）を開発している」と国連安全保障理事会で力説し、イラクによるWMD開発の写真や想像図まで提示して、イラク攻撃の正当性をアピールしました。ところが、実際に有志連合がイラクを攻撃してフセイン政権を打倒し、国連の査察団なども現地入りしてWMDを捜索しましたが、何も発見できませんでした。

これら一連の行動や意思決定の根拠となった情報分析は、米国の情報機関によってもたらされたものでした。

情報機関による分析の間違い、いわゆるインテリジェンスの失敗が明らかになるにつれ、米国情報機関に対する信頼性は一挙に地に落ちたのです。

しかし、皮肉なことに、今回ロシアがウクライナに侵攻したことにより、米国の情報機関の分析は極めて適切で正しかったことが証明されました。過去の教訓を活かして米国の情報機関が再建され、情報収集・分析といった機能が強化されてきた証拠とみることもできます。

ロシア・ウクライナ戦争が生起してから2年が経過しましたが、いまだに、その特徴や評価は定まっていません。「新しい戦争」といわれる一方で、特に新しい戦争というわけではないという意見もあります。

正規戦と非正規戦が入り混じった「ハイブリッド戦争」[1]だといわれることもあります。また「目に見えない戦い」だといわれることもあります。

このようにいろいろな捉え方があるなかで、本書は、「情報戦」の視点からロシア・ウクライナ戦争を考察しようと思います。

「情報戦（Information Warfare）」とは、心理戦、電子戦などを含む古くからある概念ですが、1990年代半ば頃から米国防総省においてその重要性が再認識されるようになりました。

当時の米国防大学のテキストでは、「情報戦は戦争を遂行するうえでのいくつかの技術の総称であり、指揮統制戦、電子戦、心理戦、サイバー戦、経済情報戦などを含む」としています。

また、NATOでは2005年頃から「情報戦とは、相手に対して情報面で優位に立つために行なわれる作戦である。情報戦は自国の情報空間を支配し、自国の情報へのアクセスを保護する一方で、相手の情報を入手・利用し、相手の情報システムを破壊し、情報の流れを混乱させることで成立する。情報戦は新しい現象ではないが、技術の発展による情報伝達の高速化・大規模化という革新的な要素を含んでいる」[2]と定義されています。

このようにそれぞれに定義されているものの、国際的には統一された定義がないまま「情報戦」という用語が使われているのが現状です。

さらに、「技術の発展による伝達の高速化・大規模化という革新的な要素」の象徴であるSNS(ソーシャル・ネットワーキング・サービス)が広く普及し、情報戦の概念を広げています。

その一方で、「情報」を取り扱う現場では、秘密工作活動(準軍事作戦を含む)なども「情報活動等」に含めています[3]。ところが、わが国のマスコミなどで取り上げられているロシア・ウクライナの情報戦は、国家によるプロパガンダや偽情報による欺まんなどにのみ焦点が当てられています。

そこで本書は、情報戦を「相手に対して情報優位に立つために行なわれる情報をめぐる活動や作戦」と幅広く捉えて、解説していきたいと思います。

たとえば、本書で紹介する「大砲のウーバーシステム」「カラシニコフの代わりにスマホで戦う市民」「ロシアのオリガルヒの不審死の増加」「パルチザンによる戦い」「柴犬（シバイヌ）でロシアの偽情報と戦うＮＡＦＯ」などは、一般の「情報戦」の概念からは少し外れるかもしれませんが、このような事象も含みます。

戦場の内外では、軍隊や情報機関だけではなく、民間の軍事会社、戦争ＰＲ会社、フェイクニュース製造工場、ハッカーなども参加して、熾烈で多様な戦いが行なわれているという現実を多くの方に知っていただければと思います。

そして、ロシア・ウクライナ戦争における「情報戦」を研究することで、次に起こりうる危機（台湾有事など）で、その手段や手法がどう使われるかを想定することができ、事前に対策を立てることも可能です。

また、ロシア・ウクライナ戦争で急増したフェイクニュースにも注意が必要です。２０２３年６月、『日本経済新聞』は、シンガポールの南洋理工大学とアジア10か国（地域）の約７０００人を対象にしたフェイクニュースに関する調査結果を発表しました。それによると、日本はフェイクニュースに対して脆弱で、簡単にいえば、日本人は騙されやすいということが浮き彫りにされました。

その内容を一部紹介すると、フェイクニュースに接した経験がある割合は、いずれの国も75パーセント以上で、国・地域による違いはありませんでした。大きな違いは、真偽(しんぎ)を検証するファクトチェックサイトの利用法を知っているかどうかでした。首位のベトナムは81パーセント、9位の韓国ですら34パーセントが認識しているのに対し、日本はわずかに19パーセントで、10か国中の最下位でした。

ファクトチェック関連サイトも日本には5つしかなく、最も多い米国の78サイト、インドの27サイト、韓国の13サイトに比べれば非常に少ないといえます。ただし、フェイクニュースの増加にファクトチェックサイトの数が追いついていないのが現状です。[4]

今後、AI(人工知能)のさらなる進化により、極めて巧妙なフェイクニュースや、リアルな画像・動画を容易に作ることができ、真偽の見極めがますます難しくなると予想されます。

そのような時代にあって、「情報戦」が一般市民の生活にも影響を及ぼしていることを知ることが大切です。そのうえで各個人がフェイクニュースに踊らされないための知識を身につけ、対策をとることが必要だと思います。

本書では、第1~10章でロシア・ウクライナ戦争における情報戦の実態を紹介し、第11~12章で、フェイクニュースに騙されない/騙されにくくなる心構えや具体的な方法について解説しました。

(1) ハイブリッド戦争についてもいくつかの解釈がある。細部は「用語解説」(303頁)を参照されたい。

（2）What is information warfare? Information warfare is an operation conducted in order to gain an information advantage over the opponent. It consists in controlling one's own information space, protecting access to one's own information, while acquiring and using the opponent's information, destroying their information systems and disrupting the information flow. Information warfare is not a new phenomenon, yet it contains innovative elements as the effect of technological development, which results in information being disseminated faster and on a larger scale.（NATO DEEP e Academy）

（3）マーク・ローエンタール、茂田宏（監訳）『インテリジェンス――機密から政策へ』（慶應義塾大学出版会、2011年）

（4）日本経済新聞（2023年6月3日）

目次

第4章　ロシアによる積極工作　60

第5章　ウクライナも得意とする積極工作　86

第6章　ウクライナのパルチザン活動　109

第9章 PMC「ワグネル」の実態

第12章　ロシア・ウクライナ情報戦を分析する　255

第1章　米ロ情報機関の戦い

なぜ米国は機密情報を公表したか？

情報機関と戦争研究所の見解の違い

２０２２年12月５日の『日本経済新聞』の記事で「ウクライナ、冬も攻勢　戦争研分析　戦闘抑制説に疑問」という見出しで次のような内容の記事が掲載されました。

「米シンクタンク戦争研究所は12月４日、ロシアの侵攻を受けるウクライナ軍が、冬の間も反攻を緩めず、奪還作戦を継続する可能性が高いと分析した。戦局で優勢のウクライナ軍にとっては、ロシア軍に補給や、態勢立て直しの機会を与えるのを避ける狙いがあるとみられる。米情報機関トップのヘインズ国家情報長官は12月３日、双方の勢いが落ちており、冬季は戦闘を抑え、来春に向けて態勢を整えると分析。これに対し、戦争研究所は、泥で地盤がぬかるみ、進軍が妨げられる11月中も、両軍の動きは活発だったとして、ヘインズ氏の見解に疑問を呈した」

この米情報機関と戦争研究所（ＩＳＷ）の見解の違いをどのように捉えればいいでしょうか。実は後述するように米情報機関はロシア・ウクライナ戦争についての機密情報は、意図的にシンクタンクなどにも流しているとされているからです。また、本章ではロシアの偽旗作戦（にせはたさくせん）（３０２頁参照）に対し米国の機密情報の積極開示は効果があったのかという点についても検討します。

大統領直轄の専門家集団「タイガーチーム」の役割

ウクライナをめぐっては、２０２１年の秋頃から米ロの激しい情報戦が顕在化してきました。ロシアはまさにその頃からウクライナ周辺に9万人規模の兵力を集結させていました。これに対し、ＮＡＴＯ側は戦争準備ではないのかとの懸念を示していました。特に米国はロシア軍がウクライナ国境近くで軍事行動を活発にしているのは、２０１４年に続いて再びウクライナに侵攻する可能性があるからだと警戒を強めていました。

しかし、ロシアは兵力集結の事実や侵攻の意図を否定したうえで自国内での部隊の移動であり、それはロシアの自由だと主張してきました。また、これらＮＡＴＯ側の懸念に対し、プーチン政権は２０２１年12月中旬、ウクライナ問題を含む欧州安保に関する新たな合意案を提示し、ＮＡＴＯと協議を開始すると言い出しました。

さらに12月25日、ロシア国防省は、1万人以上の部隊がウクライナと接する軍管区での1か月の演習を終えて撤収すると発表しました。しかも２０２２年2月15日には、ロシアは演習を終えてウクライナ国境から部隊を撤収したとする画像まで公開しています。

しかし、これらのロシアの活動や発表に対し米国は、ロシアはむしろ国境付近では兵力を増強しており、それは偽情報であり、「偽旗作戦」だと大統領や国務長官などが会見で主張しました。[1]

米国で今回このようなかたちでロシアの情報戦に対抗しているのは、２０２１年秋に編成された「タイガーチーム」だとされています。

そもそも、タイガーチームというのは、技術的問題や組織的問題を調査し、解決するために設けられた専門家グループのことです。[2] 今回、政治的な問題を解決するため２０２１年11月、バイデン大統領は、ホワイトハウスの国家安全保障会議に国防総省、国務省、エネルギー省、財務省など関係省庁の担当者を集め、ロシアのウクライナ侵攻抑止を狙った大統領直轄の専門家集団であるタイガーチームを組織しました。

9・11テロで失敗した情報戦の教訓

タイガーチームがロシアのウクライナ侵攻前に行なったことは、ロシアによるウクライナ侵攻の兆候を示す機密扱いの情報までも積極的にシンクタンクなどに開示することでした。その狙いは、ロシアの軍事行動をけん制するとともに、ロシアの情報戦に適切に対応することだったと思われます。また、タイガーチームは欧州などと協調した外交努力や経済制裁を含む圧力、米軍の展開、大使館の警備体制など幅広いテーマも検討したとされます。軍事的には、ロシアのウクライナへの限定的な武力行使から大規模な侵攻までのシナリオを想定し、侵攻から2週間後までの対応策もまとめたとされています。

一般的に考えれば、国家として重大な事態に対応する際には、各省庁が連携して対処するのが当然だと考えられます。しかし、それは組織が大きくなればなるほど困難で情報共有が軽易にできなくなります。

実はこの情報共有が困難な一因である縦割り（ストーブパイプ）問題は、9・11テロ時の米情報機関の集合体である、いわゆる米インテリジェンス・コミュニティーにおける問題の一つでした。9・11テロ調査委員会報告書や2003年の米国のイラク侵攻に関する情報見積りの失敗について言及されたWMD報告書などでも困難だが最も改善すべき問題として指摘されていました。

今回このように省庁間協力の象徴のようなタイガーチームの設置が報道されることは、改善されつつあるとはいえ、いまだに米国の情報機関などが既存の枠組みだけでは対応できていないものの、縦割り問題が意識されていることの証左だと思われます。

結局、２０２２年2月24日にロシアはウクライナに侵攻し、タイガーチームの開示したいわゆる機密情報は正確だったということが証明されました。そのタイガーチームの判断を裏付けるための情報が「インテリジェンス・インフォメーション」といわれるものです。

インテリジェンス・インフォメーションとは？

「インテリジェンス・インフォメーション」（297頁参照）とはいったい何でしょう。明確に説明されたものは見当たりません。「インテリジェンス情報」と報道されることもありますが、筆者はあまり適切な日本語訳だとは思いません。

なぜなら、ここでのインテリジェンスが何を意味するかを理解していなければ、真意は理解できないからです。通常「インテリジェンス」には、知性、情報などの訳が当てられ、さらに情報組織、情報活動（秘密情報収集活動、秘密工作活動など含む）などの意味が含まれています。

ここでの「インテリジェンス・インフォメーション」の意味するところは、単なる機密情報ではなく、秘密に得られた情報の中でもスパイなどのヒューミント活動により得られた極めて秘匿度の高い、または取り扱いに注意を有する情報（sensitive information）を含んだ意味で使用されていると思います。

情報源の種類には、大きく分けて機械などを通じて技術的に得られる情報（テキント：シギント、イミントなどの総称）と人を通じて得られる情報（ヒューミント）があります。今回のウクライナ情勢でも、ウクライナ周辺に集結しているロシア軍の動向などの状況について、民間の商業衛星画像情報（イミント）がネットや新聞に掲載される時代になりました。

商業衛星よりも解像度の高い能力を有する軍事偵察衛星であれば、さらに詳細な行動を把握できるはずです。しかし、いくら詳細な画像が入手できても「プーチン大統領の考え方や本音」などはわかりません。そのような場合、仮にプーチン大統領の側近などからヒューミントにより、信頼できる情報を情報機関が入手できれば、米大統領は、より適切な判断をすることができるはずです。

ですからインテリジェンス・インフォメーションには、そのような極めて秘匿度の高いヒューミントも含まれている可能性があるということを認識したうえで、報道を見る必要があります。

ヒューミントのもたらす重要性

たとえば1962年のキューバ危機において米国の情報機関は、U-2偵察機による画像情報とGRU（ロシア連邦軍参謀本部情報総局）のペンコフスキー大佐からもたらされたヒューミントを統合することにより、適切な評価を下すことができました。

その結果、ケネディ大統領の決断とそれにともなう軍の行動により米ソの戦争を回避することができました。

今回のウクライナ情勢で、米国がロシアの軍事侵攻に関してかなり正確な見通しを示したことを考えれば、テキントだけではない情報、つまりヒューミントを継続的に入手できている可能性が高いと筆者は考えます。

なぜなら、2022年2月15日付けの『ニューヨーク・タイムズ』には、次のような報道があります。「CIAはプーチン大統領の側近の一人を情報源として獲得することに成功し、プーチン大統領の政策決定を正確に把握してきたという。しかし、2017年にその人物をロシアから脱出させてからはプーチン大統領の日々の動きを正確に知ることができなくなった」

つまり、2017年まではプーチン大統領の側近にスパイがいたということを暴露していることになります。また、その時点で危険を回避するためスパイはすべて引き揚げたと示唆されているようにも読めます。しかし、ロシアのウクライナ侵攻について正確な見通しを示すことができたということは、側近とまではいかなくとも主要なところにまだスパイが潜んでいる可能性が高いと考えます。

スパイ獲得に活用されるSNS

ちなみに、2004年に公表された『9・11テロ調査委員会報告書』では冷戦終結後、米国のヒューミントの能力が著しく低下したことが指摘されていました。しかし、今回の事例を見ると、米情報機関のヒューミント能力も改善されつつあることがうかがえ、今後もさらに強化されることが考えられます。

2023年7月1日、CIAのバーンズ長官は英国で講演し、ロシアの〝ワグネルの反乱〟によりプーチン政権への不満が高まり、その「不満はCIAにとって、またとないチャンスを生む」と語りました。長官は、プーチン政権に不満を持つロシア人からの情報収集を進め、ロシア人スパイの採用を強化すると公言したのです。

通信アプリ「テレグラム」で動画も配信し、ロシア人がCIAへ安全に接触する手法を伝えたと説明。配信から1週間で閲覧数は250万件にのぼったと話し「我々は取引にとても前向きだ[3]」と述べました。

スパイになる動機はMICE[4]（295頁参照）だといわれています。確かに、目下の状況は米国にとってはスパイ獲得のチャンスかもしれませんが、ロシアにとっても米国の対応を逆手にとって、二重スパイを送り込むことが可能です。したがって、米国としても、スパイに応募してきたからといって簡単に採用することはできないものの、従来のリクルート活動よりもはるかにスパイ候補者の対象者が拡大することは否定できません。

このように今やスパイ獲得工作においてもSNSがフル活用されていることがうかがえます。

情報開示の効果

さて、米国の積極的な機密情報の「開示により、ロシアの偽情報流布の可能性を明らかにすれば、ロシアは身動きが取りづらくなる」一方で、中国をはじめ世界各国が見守るなか、「米国による積極的な情報開示は〝手の内〟をさらすリスクを負う」との指摘も多くありました。

ロシアが兵力をウクライナ国境付近に集結させている状況を受け、米国は機密情報を開示し、ロシアに軍事侵攻の意図があると大統領や国務長官などが次々発言しました。

しかし、ロシアは米国首脳部の発言などまったく気にせずにウクライナに侵攻しました。つまり、機密情報の開示によるけん制の効果はなかったということができます。

ただし、米国が情報開示する際は、機密情報を基に分析した結論を発表するだけで、具体的な資料源は決して明確にはしていません。仮に、情報源がヒューミントであり、その情報入手先が明らかになれば、情報提供者が逮捕、場合によっては殺害されることもあるため、情報源は明らかにしないのが鉄則です。

現在もその鉄則は守られています。つまり、米国の情報機関は〝手の内〟をさらしていないのです。米国において、マスコミが機密情報について深く追求せず、国民からもそうした意見がほとんど聞かれないのは、それらのことを熟知しているからだと思います。ここに、米国におけるインテリジェンスリテラシーの高さを感じます。

ロシア・ウクライナ情勢の一連の情報開示では、ロシアが偽情報を平気で流す一方で、米インテリジェンス機関の情報が正しかったことが立証されました。そのことは、その後のロシア・ウクライナ戦争における米国が発信した情報の信ぴょう性が高まったという点で効果があったと思います。

さらに、ロシア政府の中枢に米国がヒューミント要員を送り込んでいるかもしれないということを示唆することで、プーチン政権内部に揺さぶりをかける効果もあると思います。

機密情報をあえて公表する意味

前述したように米国政府は、ロシアに関する機密情報の開示によってロシアのウクライナ侵攻を抑止しようと試みました。RUSI（英王立防衛安全保障研究所）の上級スタッフ秋元千明氏によれば、英米の政府による機密情報の受け皿となったのは、米国のISW（戦争研究所）や英国のRUSIなどの民間のシンクタンクだとされます。

つまり、各政府が特定のシンクタンクの専門家やマスコミに定期的に機密情報を含む情報提供を行ない、それらを基に各シンクタンクが独自の視点で分析した内容を適宜公表しているというのです。

政権側が一方的に結論だけを伝えるよりも、専門家のフィルターを通した情報や分析を公開したほうが、社会的にも信頼され、情報の拡散効果も大きいとの判断からそうしたとしています。

このように政府が部外に対して開示を前提に機密情報を提供するようなことは、今までに見られない動きです。シンクタンクの分析が、米情報機関という確かな情報源に基づいていることがわかれば、単なる一民間機関で入手できる情報による分析ではないことがわかり、より信頼性が高まることになります。

ロシアのウクライナ侵攻前、世界の多くのメディアや研究者が「ロシアの侵攻などあり得ない」との見解を示していましたが、その中でISWやRUSIがロシアの侵攻に関する的確な分析をしたことなどを考えれば理由が納得できます。

ただし、機密情報の内容がどこまで開示されているかはわかりません。機密情報といえば、情報源（テキントかヒューミントかなど）も細かいところは明らかにされない可能性があります。そこで、米情報機関から提供された情報を検証する手段がなく、受け手は当局の発表をうのみにせざるを得ない可能性が高いと思います。

つまり、米情報機関によるシンクタンクやマスコミなどの情報操作もやろうと思えばできるということです。この点は、常に意識しておく必要があります。

特に日本の報道やテレビのコメンテーターが「インテリジェンス情報によると」と言う時は注意が必要です。なぜなら、それらは米情報機関が公表したとか英米の報道にあったからというレベルであり、一次資料ではなくあくまで二次・三次資料が出典だからです。

見解の違いはなぜ起こるのか？

筆者が冒頭で情報機関とシンクタンクの見解が違うことを、どのように解釈すればいいかという問いを立てたのは、このような米情報機関によるシンクタンクへの情報提供がなされているのに結論が違うということです。

この解釈としては、二つあると思います。一つ目は、米情報機関がロシアの（冬季の）侵攻が遅れることに関する、より秘匿度の高い情報（証拠）をシンクタンクに開示しなかったというものです。

二つ目は、情報を共有していたとしても、見通しや見解に相違があるということです。国家情報長官は、各情報機関からの意見を取りまとめる必要があります。そこでは当然ＩＳＷ（戦争研究所）のように、「ウクライナによる奪回作戦は冬季も継続する」などの意見も出てくるはずです。

しかし、各情報機関の意見を取りまとめる過程でロシアの侵攻が遅れるほうに集約されていったと考えられます。各シンクタンクは、その見通しが外れたからといって大きな非難を浴びることは少ないものの、国家情報機関は常に国民の監視や評価の対象になっていますから、各情報機関の総意というかたちで見通しなどを公表する必要があります。そのため必然的に玉虫色の結論になることが多いのです。

プーチンの粛清を恐れたロシア情報機関

ウクライナ保安庁（SBU）と米中央情報局（CIA）の協調

旧ソ連邦の構成国だったウクライナ、そして、その国の情報機関であるSBU[5]（ウクライナ保安庁）は、ソ連時代は「KGB（ソ連国家保安委員会）のウクライナ支局」とさえいわれていました。当然職員は親ロ派が主流です。2004年にウクライナの親欧米派の大統領候補ヴィクトル・ユシチェンコをダイオキシンによって殺害しようとしたのもSBUによる工作活動だとされています。

しかし、2014年、そのような状況が一変しました。同年2月18日に、首都キーウで勃発したウクライナ政府側とユーロマイダン（ウクライナの市民運動）デモ参加者との暴力的衝突の結果、当時の親ロ派のヴィクトル・ヤヌコーヴィチ大統領は失脚し、ロシアへ亡命しました。いわゆるマイダン革命です。

この際、ヤヌコーヴィチ大統領はSBU長官を含む複数のSBU幹部を連れて、ロシアへと亡命しました。そのためSBU内の親ロ派の勢力は一挙に低下し、そこに米CIA（中央情報局）が接近し、SBUにてこ入れを始めました。SBUはKGBウクライナ支局からCIAと協力する情報機関へと変わったのです。

さらに2014年3月中旬、ロシアがクリミアを併合して以来、米国だけでなく英国の情報機関もウクライナに情報戦のノウハウを伝授し、情報機関のスタッフを派遣するなどにより、ウクライナ情報当局との協力関係を深めてきました。ロシア・ウクライナ戦争開始後は、CIAはより多くの戦闘情報も適宜提供しています。

しかし、SBU内から完全に親ロ派がいなくなったわけでも、ウクライナ国内におけるロシアのスパイ網がなくなったわけでもありません。ロシアはウクライナ侵攻がスムーズにいくように、侵攻のかなり前からウクライナにスパイ網を築いていたとされます。ダニーロフ・ウクライナ国家安全保障会議書記は、「外敵のほかに、残念ながら内なる敵がいる。侵攻開始の時点でロシアはウクライナの軍や治安組織、司法界にスパイたちを持っていた[6]」と証言しています。

たとえばロシアがウクライナ侵攻した初日、チェルノブイリ(チョルノービリ)原発は2時間で制圧されました。169人のウクライナ国家警備隊は戦うこともなく武器を置きました。その背景には、原発組織に送り込まれたスパイの一人が国家警備隊長に隊員の出動を止めるように要求した、インテリジェンス部門の職員が原発の保安上の秘密を洩らしたなどとされています。

ロシア連邦保安庁(FSB)とSBUの争い

英国に本部がある調査報道団体ベリングキャットによれば、ウクライナ侵攻の準備に関わったのは、ロシア連邦保安庁（ＦＳＢ）第５局の１２０人とロシア参謀本部情報総局（ＧＲＵ）の40人で、ＦＳＢ第５局の要員はそれぞれがエージェントを発掘し、その数は千人以上に達したとされます。[7]
それら、エージェントから収集した情報に基づきＦＳＢは「ウクライナは政治的に不安定で反権力の機運があり、モスクワが新権力者を（キーウで）任命した場合、多数のウクライナ人が受け入れるだろう」との分析をプーチン大統領に報告したとされます。[8]
このようなロシアのスパイに対し、ウクライナ政府も対策を講じています。２０２２年７月16日には、ＳＢＵのクリミア支局トップのオレフ・クリニチが国家機密をロシア側に流したとして逮捕されています。クリニチは２０１９年７月からＦＳＢ第５局に協力し始めたとされています。
翌17日夜、ゼレンスキー大統領はイワン・バカノフＳＢＵ長官とイリナ・ウェネディクト検事総長を解任したと発表しました。強力な権力を持つ両組織内で、ロシアに協力する反逆行為が多数見つかったためとしています。[9]同年８月９日にはＳＢＵの公式サイトでロシアのために働く〝モグラ（浸透工作員）〟をハルキウ州において摘発したと発表しています。
ＳＢＵは防御だけではなく、ロシアに対する工作活動も行なっています。ＳＢＵがロシアの戦闘機を入手するため、ウクライナ空軍に迎撃されたと偽装して、自ら機体をウクライナの空港に着陸させる作戦もその一つです。
ロシア人パイロットとその家族の欧州亡命と報酬２００万ドルがその条件でした。しかし、そのロシア人パイロットはSBUに「家族の代わりに愛人を欧州に亡命させたい」と奇妙な提案をしてきました。結局、その愛人というのはFSBが送り込もうとしたスパイであることが判明し、両機関のスパイ合戦の概要が報道などにより明らかにされています。[10]

さらにSBUがロシア国内（クリミア半島東隣のクラスノダール市）でスパイ網を築こうとしていたことが発覚し、FSBに逮捕されたという報道もあります。[11]

ロシア「FSB」内部分裂の兆候

ロシアのウクライナ侵攻前、FSB内には侵攻に懐疑的な見方もあったようです。しかしFSB第5局の局長のセルゲイ・ベセダ准将は、プーチン大統領の機嫌を損ねることを恐れて「ウクライナは弱く、攻撃された場合は簡単に諦めるだろう」など、ロシアの侵攻に都合のいい情報を報告していたとされます。

しかし、結果はそのようにはならず、ロシアの独立系ニュースメディアサイト『メドゥーザ』は、「2022年3月13日までに、プーチン大統領に侵攻前のウクライナ政治情勢を報告していたセルゲイ・ベセダFSB第5局長と運用情報部門責任者のアナトリー・ボリュクらは不正確な情報を報告した疑いで自宅軟禁され、その後刑務所に送られた」と伝えています。

4月には、第5局の職員約150人が「追放」されました。英国の『タイムズ』によれば、侵攻が難航していることに対するプーチン大統領の怒りの表れで、旧ソ連のスターリン的な大粛清だと指摘しています。[12]

また、ＦＳＢの職員からの内部告発とされる手紙もフランス亡命中のロシア人の人権活動家ウラジーミル・オセチキンにより公表し続けられています。情報源は「ウインド・オブ・チェンジ（Wind of Change：変革の風）」を名乗るＦＳＢ将校グループとされ、２０２２年4月までに20通近くのメールが届いています。

オセチキンがこのメールをフェイスブックに投稿するとネット上に拡散し、英訳されたことにより世界中のメディアも取り上げるようになりました。オセチキンは内部告発の背景について、戦況が悪化するなかで「軍はＦＳＢに責任を押しつけようとし、ＦＳＢ内部でもいくつかのグループが競い合っている」と政権内部で対立が起きている可能性を指摘しています。

筆者には、この内部告発が、正しいのか、これがロシアの情報機関による巧妙な偽情報かを判断する材料は今のところありません。しかし、ＦＳＢ第5局長の逮捕や、職員の追放などと併せれば、このような事象は、ＦＳＢ内部で何らかの亀裂や対立があった兆候であることは推測できます。

（1）時事通信（２０２２年2月18日）

（2）「タイガーチーム」は１９６４年の「設計と開発におけるプログラム管理」という論文で述べられた宇宙船

の失敗原因を解明するための技術者グループを指す言葉が由来となっている。たとえば1970年、アポロ13号の月面着陸ミッション中に事故が発生した際、宇宙船を無事に地球に帰還させるために結成されたチームなどにもタイガーチームの名称が使われた。

（3）山田敏弘「ロシアは地上戦だけでなく、スパイ戦でも惨敗…米情報機関の『ロシア人スパイ募集』動画の中身」ワールド・ニュース・アトラス　ニューズウィーク日本版（2023年6月17日）https://www.newsweekjapan.jp/yamada_t/2023/06/post-20_3.php

動画：CIAがロシア人にスパイ募集！【動画入手】https://www.youtube.com/watch?v=IOoSj6lIL7A&t=39s

日本経済新聞（2023年7月2日）

（4）金（money）、イデオロギー（ideology）、妥協（compromise）、エゴ（ego）の頭文字

（5）ウクライナ語：Служба безпеки України（スルージュバ・ベスペークィ・ウクライーヌィ）は、略称はエズベウーまたはズブー（СБУ、SBU）。英語表記だとSecurity Service of UkraineでSSUと標記すべきだが、報道などではSBUが一般的に使用されている。

（6）ロイター通信（2022年7月28日）

（7）プーチン大統領がFSB長官だった1998年に設置された部門

（8）ウクライナメディアZN UA（2022年7月26日）https://zn.ua/UKRAINE/vtorzhenie-24-fevralja-hoto vit-oftsery-fsb-i-sotrudniki-hru-bellingcat.html

（9）BBCニュース（2022年7月18日）

（10）タイムズ（2022年7月25日）、ベリングキャットのジャーナリストChristo GrozevのTwitter（2022年7月25日）

（11）リア・ノーボスチ通信（2022年8月19日）

（12）タイムズ（2022年4月12日）

第2章　誰もが情報戦争の戦闘員

「いいね戦争」と「ナラティブの戦い」

さらに進化するSNS上の「いいね戦争」

2022年11月10日午前の記者会見で松野博一官房長官（当時）は、ウクライナで日本人義勇兵が死亡したとの情報がSNSなどで拡散されていることについて「情報があることは承知している。現在、在ウクライナ日本大使館が事実関係の確認を行なっている」と述べました。

翌11日午前の記者会見では、戦闘に参加していた20代の邦人男性が現地時間9日に死亡したと語りました。ロシアのウクライナ侵攻による日本人の死者は初めてとみられます。

このように、SNSの情報は既存の報道よりも早く伝わり拡散することが多いのです。SNSは、す。

報道関係者が入り込めないような危険な地域も含め、世界各地に特派員を派遣しているようなものです。

しかし、情報を安易に発信、拡散できるため、正しい情報だけでなく虚偽の情報も拡散していきます。ここでは、SNSを活用した戦い「いいね戦争」と「ナラティブの戦い（バトル・オブ・ナラティブ）」について紹介したいと思います。

「いいね戦争」[1]とは、軍事研究とSNS研究の第一線で活躍するP・W・シンガーとエマーソン・T・ブルッキングが、多数の事例をもとに新たな戦争の実態を解明した本のタイトルにもなっています。

米国大統領選挙、イスラム国の動向、ウクライナ紛争（2014年）、インドの大規模テロ、メキシコの麻薬戦争など国際政治から犯罪組織の抗争まで、SNSは政治や戦争のあり方を世界中で根底から変えてしまいました。

インターネットは新たな戦場と化し、そこで拡散する情報は敵対者を攻撃する重要な手段となりました。誰もが情報戦争の戦闘員になり得ます。そして、その「いいね！」や「シェア」が破壊や殺戮を引き起こすのです。

いまやこの戦場で人々の注目を集めるべく、政治家やセレブ、アーティスト、兵士、テロリストなど何億人もが熾烈な情報戦争を展開する事態になっています。ロシア・ウクライナ戦争で「いいね戦争」は、さらに進化しています。

世論を味方につける「ナラティブの戦い」

SNSの発信においては「ナラティブの戦い」も併せて行なわれています。ナラティブとは、「物語」と訳されることが多いですが、安全保障の枠組みでは、「人々に強い感情・共感を生み出す、真偽や価値判断が織り交ざった伝播性の強い通俗的な物語」のことです。その特徴は、「シンプルさ」「共鳴」「目新しさ」です。そのため、状況や相手に応じて柔軟に変化するのも特徴です。

ロシア・ウクライナ戦争では、ロシア側は「ネオナチにウクライナが支配されている」「ロシア人が迫害されている」そのため「抑圧されるロシア系住民を救出するための特別軍事作戦」を実施すると世界に発信しました。

これらのナラティブはロシア国内やウクライナのドンバス地域の住民など東部の一部の人には受け入れられたものの、世界的には受け入れられませんでした。

その後、ロシア占領地域において従来になかった工作活動らしきもの（弾薬庫の爆破、クリミア橋の破壊など）が起こってくると非難の矛先を「ネオナチ」から「テロリスト」へとあっさりと変更しています。より受け入れられやすい物語であれば、過去との整合性など関係ない柔軟な変化が見て取れます。

一方、ウクライナ側は「自国をロシアに蹂躙され失地を回復する」ことをスローガンとし、ゼレンスキー大統領は各国の議会などにおいて、それぞれの国に受け入れられやすい国民感情を揺さぶるような表現を使って、そのナラティブを世界に向けて訴え始めました。

たとえば米国では「パールハーバー」、わが国に対しては「原発事故」「復興」などをキーワードとして、オンラインで訴えかけました。誰もが知る歴史や社会集団の記憶に根差すナラティブは特に拡散しやすい可能性が高いのです。その結果、西側各国からは、ウクライナへの軍事的、経済的支援がすぐに集まりました。

ウクライナ側が語るナラティブも、必ずしも正しいわけではありません。たとえば2月24日のズミイヌイ島（ウクライナの南西沖にある、面積0・17平方キロメートルの小さな島）での戦闘では、ウクライナ政府筋は13人の国境警備兵がロシア軍への降伏を拒否し玉砕したと発表し、その悲惨さとロシアの残虐性をアピールしました。しかし、通信が途絶し、玉砕の前に警備隊が自ら投降して捕虜になったというのが事実のようです。

ウクライナとロシアのSNS運用の違い

ウクライナのSNS活用

SNSによるウクライナ側の情報の発信は、ナラティブを世界に伝え、国際世論を味方にするうえでも大きな役割を果たしています。

ロシア軍のウクライナ侵攻直後、ゼレンスキー大統領らは「私たちはここにいる」と発信し、独立と国を守る覚悟を世界に示した（Twitter、2022年2月26日午前6時57分）

ロシアのウクライナ侵攻直後、ゼレンスキー大統領が自国を捨てて逃げたとするロシア側の発表に対して、ゼレンスキー大統領は、SNS上ですぐさま反応し、「私たちはここにいる」と主要閣僚とともに、キーウから動画を発信しました。

このことは、ウクライナ国民の愛国心を高揚させ、国際社会によるウクライナへの支援を取りつけました。ウクライナ人から発信されている写真や動画情報は極めて多く、それらは地域におけるロシア軍の残虐な行為を世界に知らしめるとともに、地域住民がロシア軍の動向に関する情報を軍に提供する役割も果たしています。

これまでも戦場の様子などがSNS上に流れることはありましたが、このような意図的な行動はありませんでした。これは、戦場がウクライナ国内であり、一般市民がスマートフォンなどで撮影した画像をＳＮＳに気軽に投稿することができる環境が整っていることも理由の一つでしょう。
ただし、このような市民による行為は、ロシア側にとっては、いわばスパイ行為であり、このことが、ロシア側が地域住民を逮捕して拷問などを行なっている行為につながっている可能性もあります。

ＳＮＳ投稿を全面禁止したロシア軍

ウクライナ側がＳＮＳを多用する一方で、侵攻したロシア軍の兵士からと思われるＳＮＳへの投稿はあまり見られません。兵士の投稿を厳しく規制しているからです。ロシア軍で、このような規制が徹底されたのは、２０１４年のロシアによるクリミア併合の教訓によるものです。

２０１４年当時は、クリミアでは「リトル・グリーンマン」と称される徽章（きしょう）をつけていない覆面の武装集団が主要施設を次々と占拠していきました。ロシアはハイブリッド戦の一環として、親ロシア派の集団がウクライナ政府に反旗を翻してそのような行動をとっていることにしたかったのです。

しかし、これらの兵士の中には、スマホで自撮りしてＳＮＳに投稿する者がいました。そのため、それらの写真からリトル・グリーンマンの中にロシア軍の現役の兵士が含まれることが次第に判明し、ロシアの工作活動の実態が明らかになりました。その教訓から、ロシア軍ではスマホの使用に制限が設けられました。

２０１９年2月には、その制限がさらに厳しくなり、兵士の軍務中におけるスマートフォンやタブレットの使用禁止、軍に関する話題をＳＮＳへ投稿したり軍の話題をジャーナリストに話したりすることなどが禁止される法律が策定されました。さらにこのような情報統制は一般人にも拡大しています。このようにウクライナとは対照的にロシアはＳＮＳを活用するよりも情報を統制する方法をとっています。

国民には情報を統制する一方で、プーチン大統領は自らメディアに向け発信したり、『ＲＴ』や『スプートニク』といったメディアの活用、ＩＲＡ[2]（インターネット・リサーチ・エージェンシー）といった民間会社による偽情報の作成により、ナラティブを発信・拡散しています。

悪意のないフェイク動画の拡散

ＳＮＳの中でも特に世界に10億人超のユーザーがいるティックトック（TikTok）はニセの動画拡散にも大きな役割を果たしています。

たとえばロシア・ウクライナ戦争に関連してロシア国旗とともに投稿された軍用機の離陸シーンのティックトック動画は３００万回近い閲覧数ですが、その軍用機自体がそもそもロシアのものではありません。その動画は２０１７年頃にユーチューブ（YouTube）に投稿された米海軍の展示飛行隊ブルーエンジェルスのビデオに銃声の音が重ねられたものだと判明しています。

そして、これらの動画を広めているのが一般人であり、多くの人はそれらを拡散することに悪意はないとみられます。

ネット上で動画の真偽をわざわざ見極めたうえで拡散する人は少ないでしょう。むしろ一般報道されない画像であればあるほど、むしろ確認せずにすぐに反応してリツイートするので拡散が多くなるのです。

米ワシントン大学の研究者レイチェル・モランは、ウクライナにおける拡散行為について、ウクライナにおける激しい戦況を前に人々はもどかしさを募らせており、無力感をやわらげたい心理行為が拡散行為に拍車をかけているのだと分析しています。(3)

ウクライナでの爆撃の様子とされた動画は600万回近い閲覧数を記録しましたが、実際は国外で撮られた映像に2020年にレバノンで起きた爆発事故の音声を重ねたものだったとされます。(4)

わが国においても、悪意のない、いやむしろ善意の情報の拡散の例が見受けられます。たとえばコロナ禍において、トイレットペーパーが不足するということがありました。東京大学の鳥海不二夫教授の調査によれば「トイレットペーパーが不足するというのはデマだから騙されないで」というむしろ善意の情報の拡散のほうが急速に広がり、そのためトイレットペーパーを買いだめする人が多くなったとしています。

普通に考えれば、「それはデマだ」という善意の情報がより多く拡散したことにより、トイレットペーパーが不足するとはあまり思わないものです。しかし騙される人が多くいて、もしかしたら不足するかもしれないので「念のために」買っておこうという心理がトイレットペーパーの買い占めを招いたと同教授は分析しています。

（1）P・W・シンガー、エマーソン・T・ブルッキング『「いいね！」戦争 兵器化するソーシャルメディア（原題：LikeWar The Weaponization of Social Media）』（小林由香利訳、NHK出版、2019年）
（2）IRA（インターネット・リサーチ・エージェンシー）社は、ロシアのSNS情報工作の拠点とされ、ロシア第二の都市であるサンクトペテルブルクの住宅街にある。複数の元従業員の証言によると、300〜400人が年中無休の24時間態勢で情報工作を展開。SNSへの書き込みのほか、架空の人物になりすましたブログの運営、偽ニュースサイトの開設まで行なわれている。また、専門の映像製作部門もあるという。工作員は広告で募集されており、月給は4万ルーブル（約7万5千円）程度。ロシア語のほか、英語やウクライナ語など複数の言語で発信している。（日本経済新聞、2017年11月16日）
（3）Ashley Gold,Sara. Fischer Ukraine misinformation spreads as users share videos out of context. 2022_02_28 https://www.axios.com/2022/02/28/ukraine-misinformation-videos-context
（4）Bill McCarthy. How misinformers exploit TikTok's audio features to spread fake war footage in Ukraine. March 8, 2022_03_08 https://www.poynter.org/fact-checking/2022/tiktok-misinformation-ukraine-audio-features/

第3章　サイバー戦における攻防

ロシアのサイバー戦能力は低下したのか？

破壊的で容赦ないロシアのサイバー攻撃

従来、ロシアはサイバー大国としてその攻撃能力で世界のトップクラスだと評されてきました。

２０１４年のクリミア併合に際しても実際の軍事侵攻に先駆けてサイバー攻撃を行ない、その７年も前から本格的なサイバー攻撃に備えて準備をしていました。２０１５年、１６年にはウクライナ国内の電力会社にサイバー攻撃を仕掛けて大規模停電を引き起こしています。１７年には、ウクライナ政府機関や民間企業に対し広範囲のランサムウェアによる攻撃を行なっています。

ところが、２０２２年からのロシア・ウクライナ戦争においては、深刻な被害をもたらすようなサイバー攻撃が行なわれていないように見えます。果たしてロシアは、サイバー攻撃をあまり行なっていないのでしょうか、またはサイバー攻撃能力が低下してしまったのでしょうか。

ロシアのサイバー攻撃に関して、米マイクロソフト社が2022年4月と6月に報告書[1]を公表しました。そこには「ロシアのウクライナに対するサイバー攻撃は破壊的で容赦がない」と評しています。そして、今回のウクライナ侵攻のかなり前から準備し、少なくとも1年前からサイバー攻撃を始めていたとしています。

サイバー戦は、その結果としてインフラに障害などがない限り、一般人の目に見える部分が少ないため、実態はわかりにくいものです。以下、マイクロソフトの報告書を参考に考察してみましょう。

ロシアのサイバー組織はピラミッド構造

ロシアのサイバー組織は、大きく3段のピラミッド構造になっています。最上部には政府の情報機関に属するサイバー部隊、中央部は金銭目的などのサイバー犯罪集団、その下にはハッカー集団や個人レベルのハッカーが存在しています。そして、政府のサイバー部隊とサイバー犯罪集団はつながっているというのが欧米専門家などの認識です[2]。

ロシアの情報機関隷下のサイバー部隊や連携している組織は、それぞれ次のような役割を担っています。

●ＧＲＵ（ロシア連邦軍参謀本部情報総局）：２６１５部隊（別名ＡＰＴ28）、ＳＴＲＯＮＴＩＵＭ（別名ファンシーベア）が情報窃取、フィッシング（軍をターゲット）などを実施

●ＳＶＲ（ロシア対外課報庁）：ＮＯＢＥＬＩＵＭ（別名ＵＮＣ２４５２／２６５２）がパスワードスプレー攻撃、(3) フィッシング（ウクライナやＮＡＴＯメンバーの外交部門をターゲット）などを実施

●ＦＳＢ（ロシア連邦保安庁）：７１３３０部隊（別名エナジーティックベア）、ＢＲＯＭＩＮＥなどが情報窃取を実施

また、マイクロソフトの６月の報告書ではロシアは、ウクライナ以外の42か国、１２８の組織にも情報窃取などを狙う攻撃を仕掛けたとされます。その中でロシアの第一の標的は米国ですが、その他のＮＡＴＯ諸国、特にバルト３国、ポーランド、デンマーク、ノルウェー、フィンランド（２０２３年４月加盟）なども標的にしています。

開戦以降ロシアのサイバー攻撃による侵入成功確率は控えめに判定して29パーセントで、侵入に成功したうちの25パーセントで組織のデータ流失が確認されているといいます。

ロシア・ウクライナ戦争にみるサイバー攻撃

ロシアのサイバー攻撃の手口

①マルウェアを仕掛ける

過去に散発的にウクライナを標的としていた脅威アクター[4]は、ウクライナ国内やウクライナを支援する組織に対し時間をかけてマルウェアをシステムに浸透させてきました。そして２０２１年３月頃にはウクライナ侵攻に向けた準備を完了していたとマイクロソフトは判定しています。

②侵攻直前に活動開始、侵攻後は軍事行動と連携

２０２２年１月13日、ロシアはアメリカやNATOなどとの外交交渉が失敗に終わると、ウクライナ政府、IT部門のシステムに対しワイパー型マルウェア[5]（３０６頁参照）などで一斉に攻撃を始めます。１月13日にはウクライナ政府の省庁や関係機関の数十のシステムでワイパーの起動が確認され、翌14日には70の政府関連サイトが乗っ取り攻撃を受けました。

それらはGRUに関連する組織による攻撃だったことも判明しています。ロシアのウクライナ侵攻の前日（２月23日）には、ウクライナ政府、IT、エネルギー、農業、金融など12以上の組織で約３００以上のシステムが一斉にワイパー攻撃を受けました。

マイクロソフトの4月の報告書の時点では、少なくとも6つのAPT（持続的標的型攻撃）アクターとその他の脅威アクターが破壊的なサイバー攻撃や情報窃取活動などを行なっているとされます。サイバー活動とロシア軍の軍事活動は密接に調整されているとまではいかないものの、全体としては両者が連携してウクライナを弱体化させる方向に作用していました。

DDoS攻撃が世界的に急増

2022年2月、ウクライナの国防省や銀行、郵便局のサイトにおいて、ロシアの侵攻開始に前後して障害が発生しました。一方、ロシアに対しても国際的ハッカー集団アノニマスが同月末、ロシア国防省への攻撃を宣言し、一時国防省のサイトにつながらなくなるなどDDoS攻撃の応酬が続きました。

DDoSは「Distributed Denial of Service」（分散型サービス妨害）の略称で、多数のパソコンやサーバーを乗っ取り、そこから標的となるインターネット上のサイトを管理するサーバーに処理能力を超える大量のデータを送りつけ、サイトを表示できなくしたり、閲覧しにくくしたりする攻撃です。

DDoS攻撃は単純なものなら複数人で一斉にサイトにアクセスすれば実行できるため、20年以上前から使われる古典的な手法です。ただ単純であるがゆえにいろいろなPCを経由して大量の通信が送られた場合の障害は防ぎづらいとされています。

米IT大手企業のクラウドフレアでは、2022年4〜6月のネットワーク層へのDDoS攻撃は、世界全体で前年同期に比べ約2・1倍に増えたとされます。電気通信やサービス業が特に狙われ、ロシアによるウクライナ侵攻を機に規模や件数が急拡大していると警告しています。

2022年8月、米グーグルは、観測されているなかで過去最大規模のDDoS攻撃が発生したと報告しました。同社は「毎秒4600万回の通信が発生した。ウィキペディア全体への1日の全通信が10秒の間に集中するようなものだ」と説明しています。

セキュリティー大手のチェック・ポイント・ソフトウェア・テクノロジーズ（イスラエル）の脅威インテリジェンス部門であるチェック・ポイント・リサーチ（CPR）が、開戦から1年を経たロシア・ウクライナ戦争に関連するサイバー攻撃の統計結果を発表[6]しました。2022年3月〜9月と2022年10月〜2023年2月を比較すると次のような結果になります。

- ウクライナにおける1組織あたりのサイバー攻撃数の週平均数は1555回から877回へと44パーセント減少した。ピークは2022年6月。その一方で、特定のNATO諸国に対するサイバー攻撃の週平均数は増加している（次頁図表参照）。
- イギリスでは11パーセント増加、アメリカでは6パーセント増加した。
- ウクライナ周辺国のポーランドでは31パーセント、デンマークで31パーセント、エストニアでは57パーセント急増した。
- また、ロシアに対する攻撃も、週平均1505回から1635回と9パーセント増加している。

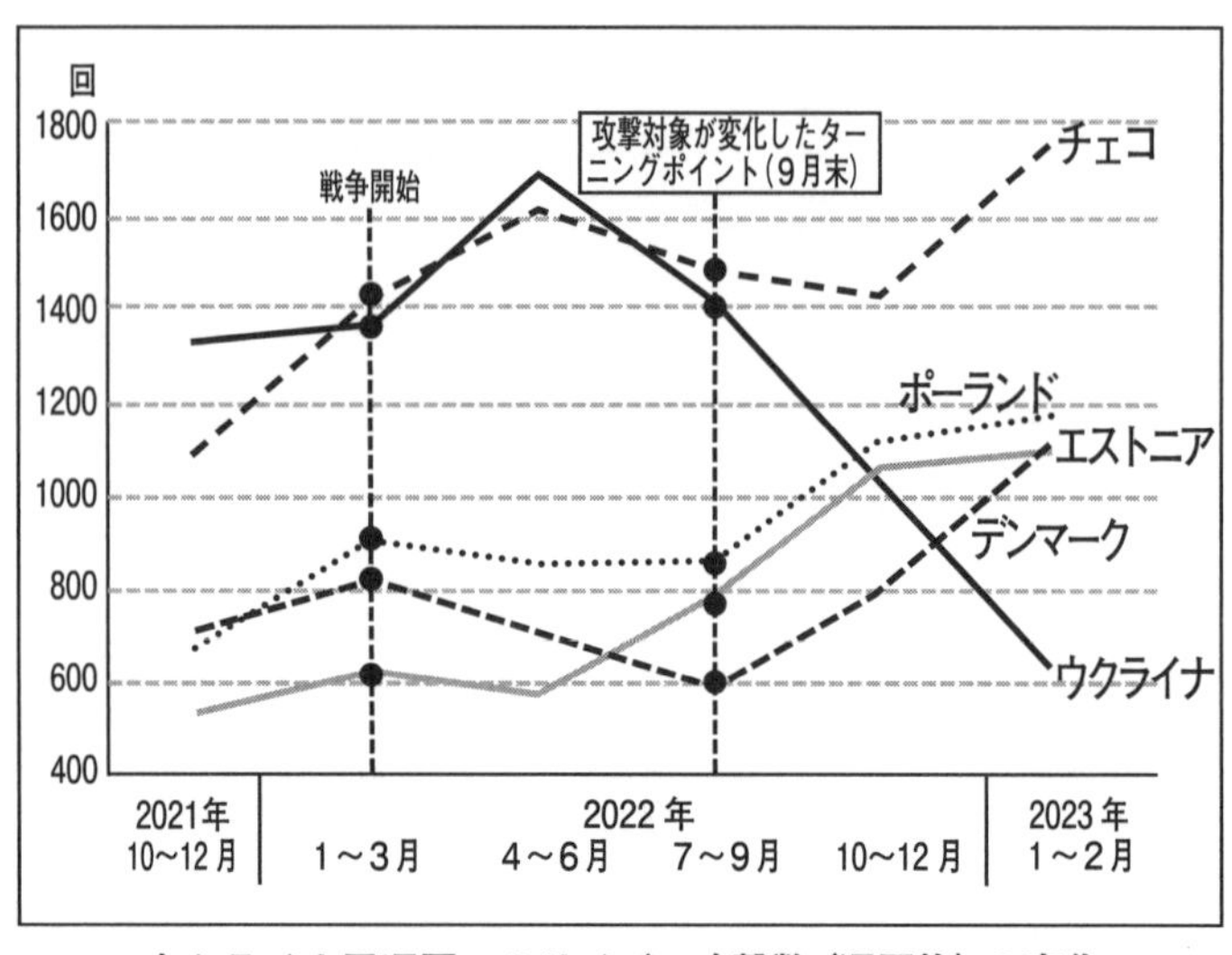

ウクライナ周辺国へのサイバー攻撃数（週平均）の変化
（2023年2月21日発表のCPRの調査結果を基に筆者作図）

これらのことからいえることは、２０２２年９月末がターニングポイントとなり、10月以降、サイバー戦の焦点（攻撃対象）がウクライナからＮＡＴＯ諸国へシフトし、ＮＡＴＯとロシアのサイバー領域での戦いが激しくなっていることがうかがえます。

２０２３年６月下旬には親ロシア派のハッカーグループ「ノーネーム０５７⒃」（NoName057⒃）が通信アプリのテレグラムでチェコへの攻撃を宣言しました[7]。その後、チェコの外務省、空港、ラジオ局などがＤＤｏＳ攻撃の被害に遭いました[8]。

つまりロシアの攻撃対象が変わっただけであり、サイバー攻撃の数や能力が低下したというわけではないということがわかります。

ロシアはウクライナを支援する東欧諸国に狙いを変えた

2014年、ロシアはサイバー攻撃でウクライナ南部クリミア半島の通信や電力を遮断し、半島への侵攻を成功させました。2022年2月以降のウクライナ侵攻でも、インフラへの攻撃を繰り返しました。しかし、ウクライナは2014年の教訓に基づき米欧と連携してサイバー防衛能力を強化していたのです。

開戦当初はロシアの攻撃が増加しましたが、2022年6月をピークとしてロシアの攻撃が減少しています。

欧米の支援を受けて防衛態勢を敷くウクライナへの攻撃の効果が薄れたため、ロシアがウクライナを支援する周辺国へとターゲットを切り替えたと考えられます。その結果が前頁のグラフに見て取れます。

親ロシア系のハッカーはサイバー攻撃を通じてウクライナを支援する東欧諸国の経済や社会を混乱させるなどの揺さぶりをかけ、親ウクライナ系東欧諸国のロシアへの対抗姿勢を挫く狙いもあるものとみられます。

「キルネット」による日本へのサイバー攻撃

ロシアのウクライナ侵攻後、サイバー犯罪集団などの活動も活発化しています。2022年2月25

日には、ランサムウェア攻撃者集団の「Ｃｏｎｔｉ（コンティ）」は、ロシア政府への全面支援を表明し、「ロシアに対してサイバー攻撃や戦争行為を行なう組織への重要インフラ攻撃のため、あらゆるリソースを使う」とダークウェブ上で宣言しました。

もっとも、この宣言がコンティのウクライナ人メンバーたちの反感を買い、1時間後、コンティは当初の宣言文を修正せざるを得なくなり、重要インフラへの攻撃に関する文言を削除しました。

また、ハクティビストと呼ばれるハッカー集団「キルネット」も、ロシアのウクライナ侵攻を支持する姿勢を示し、西側諸国の企業やルーマニアやイタリアの政府機関に相次いで攻撃を仕掛けています。

ネット上で活動するセキュリティー研究者サイバーノウは、ロシアのウクライナ侵攻を後押しする43のサイバー攻撃集団を確認しています。前述のキルネットは、２０２２年9月6日〜7日にかけて、日本政府のサイトなどにもサイバー攻撃を行なうと宣言し攻撃を仕掛けました。

キルネットが攻撃を宣言した主なサイトとその宣言日時は次のとおりです。

6日：ｅ-Ｇｏｖ、ｅＬＴＡＸ（16：34）、ＪＣＢ（17：17）、ｍｉｘｉ（19：28）、名古屋港管理組合（22：13）

7日：ニコニコ動画（0：00）、東京メトロ（18：59）

松野官房長官は7日の記者会見で、政府が運営する電子サイトを含む計4省庁の23のサイトと、地方税手続きサイトが一時閲覧できなくなったと説明しました。

具体的には6日、電子政府の総合窓口「e-Gov」など複数の政府系のサイトや地方税の手続きサイト「eLTAX」で閲覧しにくい状態となりました。JCBは6日夜、17時21分から一部のサイトがアクセスしにくい状態になったと発表しました。JCBブランドサイトやQUICPayサイトなど7サイトが閲覧しにくい状況となりました。

SNS交流サイトのmixiは6日18時54分、大量アクセスによる異常を検知、サーバーの負荷が高まり、利用者がつながりにくい状況になりましたが、同日20時44分以降、国内利用者の接続はほぼ復旧しました。6日夜、名古屋港管理組合（名古屋市）は、同組合のサイトに接続しにくくなっていると明らかにしました。

また、7日未明にキルネットは投稿でニコニコ動画を次のターゲットだとして名指ししましたが、運営するドワンゴは「攻撃的なアクセスを観測したが、未然に防いだため障害は発生していない」としています。さらに、7日18時30分頃、キルネットは日本へのサイバー攻撃を継続する新たな声明を出すとともに、テレグラムに日本語字幕付きの動画を投稿しました。

その動画では「ロシアはヨーロッパの価値観と米国が思いついた危険なゲームから国民を保護している。（それなのに）日本人はいまだに反ロシア・キャンペーンを行なっている！」と批判の姿勢を示し、「日本国政府全体に宣戦布告」とのメッセージを載せました。

キルネットによる実際の被害は、前述のように日本においては大規模ではありませんでした。だからといって、今後も起こらないとは限りません。むしろ、ここで安心して対策を怠っていてはいけないのです。

ロシアのサイバーインフルエンス工作

マイクロソフトの2022年6月の報告書では、ロシアはサイバー活動と連携して、戦争を支援するために世界的なサイバーインフルエンス工作を実施していることが明らかにされています。KGBが数十年にわたって開発してきた工作手法をテクノロジーやインターネットと組み合わせることで、より迅速で広範に効率的に影響力を行使しようというものです。

ロシアの情報機関内で活動するAPT[9]チームと同様に、ロシアの政府機関に関連したAPM[10]と呼ばれるチームも、ソーシャルメディアやデジタルプラットフォーム[11]を通じて行動しています。マルウェアなどを事前に相手の機械などへ忍ばせておくのと同じような手法で誤ったシナリオを事前に配置しているのです。

たとえばウクライナの研究所で生物化学兵器が作られていたなどというストーリーなどを準備し、政府が管理し、影響力があるウェブサイトから、これらのストーリーを広範かつ同時に報道してSNSで拡散するのです。

ロシアのサイバーインフルエンス工作は、開戦後、ロシアのプロパガンダの拡散をウクライナで

216パーセント、米国で82パーセント拡大させることに成功したと推定されています。

サイバーインフルエンス工作におけるロシア当局のターゲットと目的は次の4つです。

①ロシア国民：戦争への支持を持続させるため

②ウクライナ国民：ウクライナ政府の意思と軍の能力に対する信頼性を損なわせるため

③米国や欧州の国民：西側諸国の結束を弱め、ロシア軍の戦争犯罪への批判を逸らすため

④非同盟国の国民：国連でのロシアへの支持の維持のため

ウクライナ政府によるサイバー防衛[12]

米軍流サイバー防衛「アクティブディフェンス」

マイクロソフトの報告書によれば、ロシア・ウクライナ戦争ではロシア側のサイバー攻撃が低調だったわけではないようです。結局、開戦当初は効果があったロシア側の攻撃が、ウクライナ側やNATO諸国の対応が適切だったため、サイバー攻撃の影響が小さかったといえるようです。

ウクライナ政府は2014年のロシアのドンバス、クリミア半島侵攻時にサイバー攻撃で政府や軍が機能マヒに陥った反省から、米国や英国の資金やノウハウの提供を受けてサイバー防衛力を強化してきました。

情報システムやネットワーク機器を更新して脆弱性を減らすとともに監視や敵のシステムへの侵入などの技術を向上させてきました。２０２１年秋からは、ＮＡＴＯのサイバー専門家やマイクロソフト、グーグルなどの専門家とともにサイバー防衛の共同作戦を開始しました。

２０２２年６月、米サイバー軍司令官兼ＮＳＡ長官のポール・ナカソネ大将は、英国のテレビのインタビューで米サイバー軍の部隊がウクライナ軍と連動してロシアに対し「防御、攻撃、情報戦のすべての側面で作戦を実行してきた」と発言し、サイバー領域で米軍が実質的に参戦していることを認めています。

ウクライナ軍もサイバー戦において、米国や英国のアクティブディフェンス（積極的防御）を採り入れているようです。

アクティブディフェンスとは、不審なアクセスをしてくる相手のネットワークやシステムの内部まで侵入して、必要に応じて相手のデータやファイルなどを破壊して攻撃を未然に防ぐことです。特にワイパー攻撃のような、データ破壊型攻撃に対しては、攻撃されてから対処するという受動的な防御では手遅れになると考えられています。

米サイバー軍は２０１８年から、「ディフェンドフォワード（前に出て守れ）」を標語として、アクティブディフェンスを採り入れてきました。

侵攻前に運び出された「重要データ」

重要なデータ[13]を自前のシステム以外に避難させたことも、ウクライナのサイバー攻撃への対処能力を高めたことの一つだと考えられます。ウクライナ政府は、ロシアの侵攻のリスクが高まっていた2022年2月中旬、政府の重要データを自前のシステム以外で保管することを禁止していた法律を改正しました。

その改正を受け、政府の重要なデータやソフトウエアをAWS（アマゾン・ウエブ・サービス）やマイクロソフトのアジュールなどの国際クラウド基盤へ移行作業を開始しました。

アマゾンの担当者はロシアのミサイル攻撃が始まるなか、キーウで省庁や銀行などのシステムを「スノーボール」と呼ばれるスーツケース大のデータ記憶装置に移して運び出したとされます。このデータをAWSなどに避難させたことにより、サイバー攻撃とミサイルのような物理的攻撃が重なっても、混乱に陥らずに政府が業務を継続できたと考えられています。

アクティブディフェンスの重要性

以上みてきたように、ロシア・ウクライナ戦争において、ロシアのサイバー攻撃能力が低調だったわけではありません。米国や英国などの支援、またその他のNATO諸国と連携したウクライナ政府の官民を挙げた戦争前および戦争中の取り組みにより、ロシアに対抗してきたということです。

ロシアのサイバー犯罪集団によるわが国への攻撃は、幸いなことに重大な障害を引き起こしませんでした。しかし、ロシア情報機関のサイバー部隊などによって、日本政府の主要なシステムへのマルウェアなどが仕掛けられていないか、そしてそれが何年後かに活動を始めるのではないかという危惧は残ります。本章の冒頭でも述べたように、ロシアはウクライナ紛争の7年も前から準備していました。

今やデータ破壊型のマルウェア攻撃には、アクティブディフェンスでなければ対応できないというのが欧米の考え方です。わが国においては、サイバー攻撃に対するアクティブディフェンス[14]（能動的サイバー防御）の本格的研究は始まったばかりです。

（1）An overview of Russia's cyberattack activity in Ukraine（２０２２年４月27日）chrome-extension://efaidnbmnnnibpcajpcglclefindmkaj/https://query.prod.cms.rt.microsoft.com/cms/api/am/binary/RE4Vwwd Defending Ukraine: Early Lessons from the Cyber War（２０２２年６月22日）chrome-extension://efaidnbmnnnibpcajpcglclefindmkaj/ https://query.prod.cms.rt.microsoft.com/cms/api/am/binary/RE50KOK

（2）山田敏弘「ウクライナ侵攻の裏にある『見えない戦争』サイバー工作」（JIJI.com ２０２２年４月21日）

（3）パスワードスプレー攻撃とはＩＤやパスワードを組み合わせて連続的に攻撃するブルートフォース（総当たり）攻撃の一種。

（4）脅威アクターとはデータセキュリティに影響を与える可能性のある内部または外部の攻撃者のこと。

（5）ワイパー型マルウェアとは「データを破壊する」動作をするコンピューターウイルス。

（6）The Russian-Ukrainian War, One Year Later. 2023_02_21. https://blog.checkpoint.com/2023/02/21/the-russian-ukrainian-war-one-year-later/

（7）ノーネーム057（16）は2022年9月に日本政府にDDoS攻撃を行なったキルネットやアノニマスなどと同様のハクティビストグループ。テレグラムのグループ内には、「ノーネーム（NoName）が用意したDDoSツールを使って攻撃を実行する約1400人の協力者たちがいるとされる。ノーネームはテレグラムで成功したと発表している事例よりもはるかに多くの攻撃を仕掛けており、一度攻撃に成功したサイトを繰り返し攻撃する。https://jp.security.ntt/resources/cyber_security_report/CSR_202302.pdf チェコのセキュリティー会社avastの調査によれば成功率は40パーセント（ただしその中の20パーセントはノーネームではない可能性がある）としている。https://press.avast.com/ja-jp/pro-russian-hacker-group-targeting-sites-in-ukraine-and-supporting-countries-with-ddos-attacks

（8）日本経済新聞（2023年8月2日電子版）

（9）Advanced Persistent Threat（高度で持続的な脅威）

（10）Advanced Persistent Manipulator（高度永続操作者）

（11）IT技術やデータなどを用いてシステムやサービスを提供し、そのサービスを享受する場のこと。

（12）「ウクライナが問うサイバー防衛（上）」（日本経済新聞、2022年9月8日）

（13）「ウクライナが問うサイバー防衛（上）」（日本経済新聞、2022年9月8日）

（14）わが国においては2022年12月16日、安保3文書が閣議決定され国家安全保障戦略において「能動的サイバー防御」の導入が宣言された。

第4章　ロシアによる積極工作

ロシアによる偽情報の特徴

フェイクニュースの3つの区分

積極工作（active measures）は、ソ連（ロシア）で伝統的に行なわれています。積極工作とは、他国の政策に影響を与えることを目的として、伝統的外交活動と表裏一体で推進されている公然・非公然の諸工作のことです。その工作には、偽情報（ディスインフォメーション）といった非暴力的なものから暗殺のような暴力をともなう活動まで含まれています。

2017年に公表された欧州評議会の報告書[1]によれば、情報の無秩序（情報障害：Information Disorder）の状態下における正しくない情報、いわゆるフェイクニュース（虚偽報道）は次の3つに

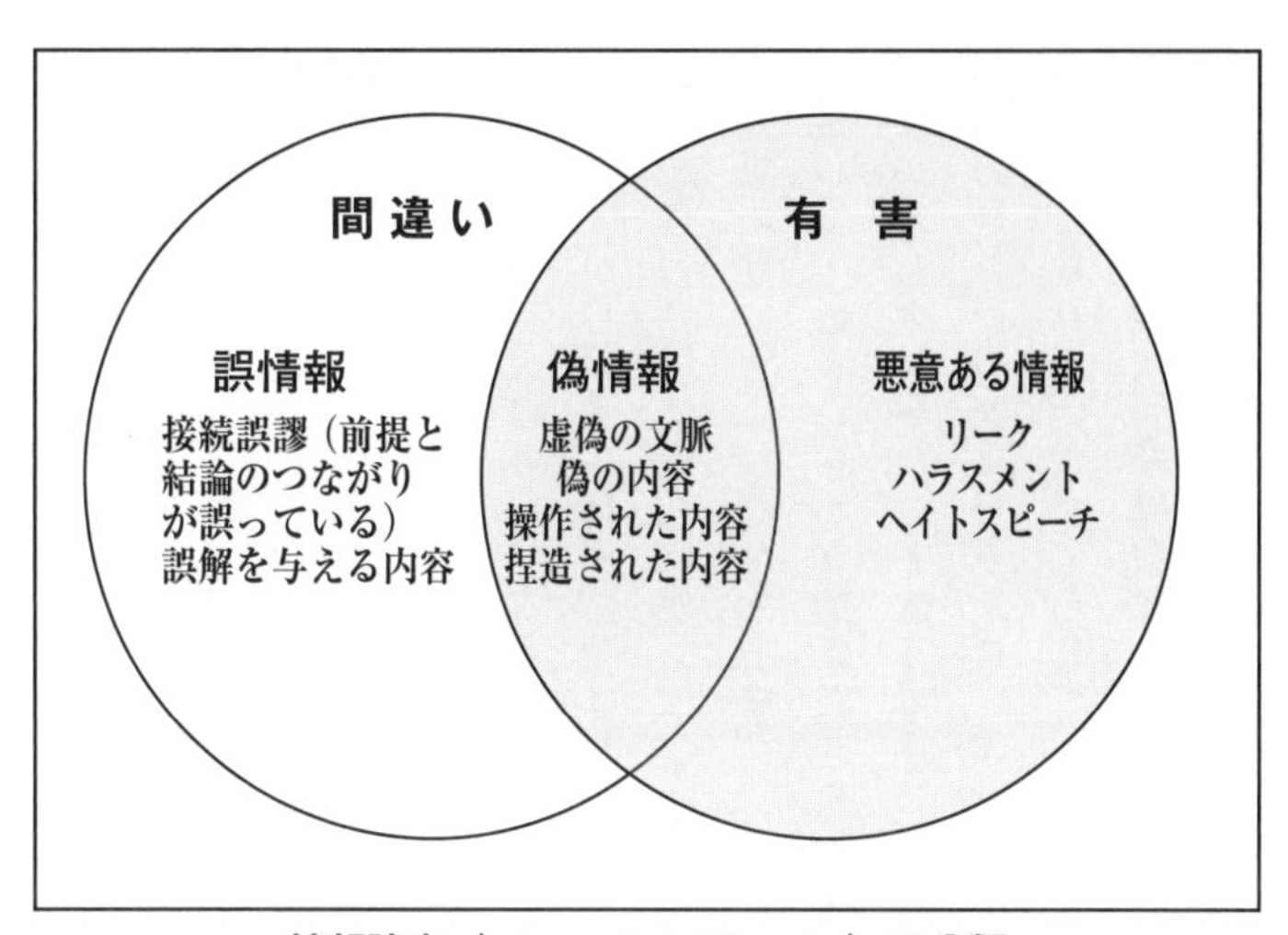

情報障害（Information Disorder）の分類
（出典：欧州評議会、2017年9月27日）

区分されています。

①誤情報（Mis-information）：虚偽の情報だが、危害を与える意図で作成されたものではない情報。前提と結論を短絡的につなげてしまったり、誤解を与えてしまうような内容。

②偽情報（Dis-information）：個人、社会集団、組織または国を害するために意図的に作成された虚偽の情報。虚偽の文脈、偽の内容、操作された内容、捏造された内容。

③悪意ある情報／不正情報（Mal-information）：現実に基づいているが、個人、組織、国に危害を加えるために使用される情報。情報をリーク（漏洩）する、機微な個人情報などで相手を害する、ある集団や個人を標的として攻撃的な言説を行なう（ヘイトスピーチ）など、情報的には正しい部分はあるが、一部だけを強調するなど

相手に悪意や害意をもって広められる情報。

フェイクニュースにはこの3つが混在しています。情報戦においては、主に②偽情報（ディスインフォメーション）が用いられるとされますが、これら3つを明確に区分するのは困難な場合も多く、偽情報には当然、①や③の要素も含まれています。

嘘も百回言えば本当になる

ロシアから発せられる情報は、時として〝真っ赤な嘘〟であり支離滅裂に見えます。したがってロシアからの発信は最初に嘘ではないかと疑いの目で見られるのでプロパガンダ（305頁参照）としても効果がないと思われがちです。

しかし、必ずしもそうではありません。「ロシアの〝虚偽の消防ホース（Firehose of Falsehood）〟プロパガンダモデル」とする米ランド研究所の報告書[2]（2016年）があります。報告書によれば、現在のロシアのプロパガンダについての基本姿勢は「受け手を楽しませ、混乱させ、圧倒することである」とされています。そして、大きく次の2つの特徴があるとされます。

第一の特徴は、多様な媒体を通じた大量の情報発信です。文字、音声、静止画、動画などのコンテンツを、インターネット、SNS、衛星放送、ラジオ、テレビ、さらにオンラインのチャットルームなどで一斉に配信する。そして、これらの内容をＩＲＡ[3]などのトロール（あらし）工場と呼ばれる専門の組織が、ＳＮＳ上の多数の偽アカウントを使って絶え間なく拡散させるのです。

一般的に情報の信ぴょう性を高めるには、複数の情報源から入手することが大切だといわれます。同じ元ネタがリツイート（転載）されたものは、複数の情報源とはいえません。しかし、人は入手する相手が違うと、違う情報源だと思い込んでしまいます。多様な媒体を通じた発信は、信ぴょう性を高めるうえに、人が同じ情報に接する頻度そのものも高めます。このように、情報に接する頻度をとにかく高め、正しい情報に思わせるやり方です。いわゆる嘘も百回言えば本当になるという戦術です。

偽情報を信じてしまう「スリーパー効果」

第二の特徴は、中途半端な事実や明らかな嘘を恥じらいなく広める姿勢です。実際に存在する専門家の名前を騙って勝手な主張を展開するなどは、常套手段です。このような姿勢で簡単に大量の情報が日々流された結果、それらの情報に接する人々は、真偽をいちいち確認する余裕がありません。

そうして記憶に刷り込まれた情報は、当初こそ疑わしく思えても時間とともに違和感が薄らいでいくのです。この心理現象を「スリーパー効果」と呼びます。

こうして、信ぴょう性の低いあからさまな嘘もやがて事実として認識されてしまうというわけです。ロシアのディスインフォメーションが米国においても一定の支持を得るのも、こうした理由だと考えられます。ウクライナと米国が生物兵器を開発しているとのディスインフォメーションは「新型コロナウイルスは生物兵器だった」との誤情報に絡むかたちで広がり、トランプ前米大統領を熱烈に支持した米国内の極右勢力やQアノンの間でも浸透しています。[4]

実はわが国においても、同様の現象が起きています。東京大学の鳥海不二夫教授の分析によれば、Qアノンに共鳴した内容や新型コロナウイルスのワクチンをめぐる誤情報を発信していたクラスター（集団）が、ウクライナ侵攻では親ロ的な投稿を拡散していることが判明しています。

同教授が2022年1月1日～3月5日、日本語で「ウクライナ」「ロシア」「プーチン」などの語句が使われたツイート約30万件を抽出し、分析したところ、「ウクライナ政府はネオナチ」という投稿は228件あり、約1万900のアカウントが3万回以上リツイートしていました。[5] これらのアカウントの過去の投稿を調べたところ、87・8パーセントが新型コロナウイルスワクチンに否定的な内容を、そして46・9パーセントが「Qアノン」に関連する主張を拡散していたとされます。

わが国においても、ロシアのディスインフォメーションが確実に浸透してきているのです。

危険なロシアの国営放送

ロシア・ウクライナ戦争前の2021年5月27日、『日経ビジネス』は「ロシア国営メディアの日本語発信を分析してみた！」という興味深い記事を配信しました。[6] それによると『スプートニクジャパン』の記事は大きく3つのカテゴリーに分類できるといいます。

①「ショーウインドーの飾り付け」的な記事：このカテゴリーは、ロイター通信や共同通信など信頼できるソースからの情報を使用しており、政治的な偏りはない。「『スプートニクジャパン』は信頼できるメディアである」という印象を読者に与え、安心させることが目的。

②ロシアの文化と社会に好意的なイメージを抱かせる目的の記事：このカテゴリーはRUSSIA BEYONDが発信する記事に類似。『スプートニクジャパン』では、フィギュアスケートに関する記事が多い。これはロシア当局がアリーナ・ザギトワなどロシアのフィギュアスケーターが日本で人気を博していることを熟知しているため。

③ロシアの外交目標への貢献を明確に意図している記事：このカテゴリーの記事の量は、『スプートニクジャパン』が発信する記事全体の半分に満たないが、「ロシア政府のプロパガンダツール」との印象を読者に与えないよう配慮してのこととみられる。

これら3つのカテゴリーは、『日経ビジネス』の著者が区別したもので、当然『スプートニクジャパン』の記事がカテゴリー別に配信されるわけではありません。①や②のカテゴリーの記事の間に③のプロパガンダ記事がさりげなく含まれているということです。ですから、簡単に真偽を判別することは困難です。

このような脅威を認識していたEUは、ロシアによるウクライナへの軍事侵攻に関する偽情報を用いたプロパガンダを防ぐため、2022年3月1日、ロシアの国営テレビ『RT（Russia Today）』のヨーロッパ各国向けの計5チャンネルと、国営ラジオ・ニュースサイト『スプートニク』のEU域内での提供を全面禁止する法律を制定しました。それにともないEU加盟国ではRTとスプートニクのネットサービスにもアクセスできません。禁止措置は「ロシアによるウクライナへの侵略とEU加盟国に対するプロパガンダが終息するまで」継続するとしています。

また、米国務省の報告書[7]（2022年）では、スプートニクやRTがロシア政府のメッセージを拡散するために使用されていると述べています。

このように、欧米ではRTやスプートニクの報道が制限されたり、情報源について注意喚起がなされていますが、わが国においてはスプートニクの情報はなんら制限がなく報道されています。

見破られたゼレンスキー大統領の偽動画

ロシアはウクライナに侵攻する前、ウクライナ国境付近にロシア軍を集結させていました。この行動に関し2022年2月15日の時点で、ロシア国防省はロシア軍の部隊が演習を終えて撤収を始めたと発表しました。しかし、それは偽情報であり、ウクライナへ侵攻するために集結していた部隊であることが、米国によって事前に指摘されていました。2月24日に、ロシアが侵攻したことにより、それは明らかな嘘であり偽旗作戦(8)であることが証明されました。

EUのEast StratCom Task Forceによれば、ロシアとウクライナ間の緊張が高まった年明け以降わずか数か月で、ロシア側の偽情報の発信は、236件（4月30日時点）が確認されています。そして、これらの工作活動にはロシア政府系メディアのRTやスプートニクとそのSNSアカウント、民間のIRAによってSNS上に作成されたアカウントが使用されています。

また、FSB、GRU、ベラルーシKGB（国家保安委員会）といった政府機関が、こうした工作活動に関係していることも報告されています（2022年4月のマイクロソフトおよびメタの報告書）。

たとえば、2月15日、ロシア側はウクライナ国防省および国立銀行にサイバー攻撃を仕掛け、その前後に当該銀行になりすまして「ATMが使用不能になった」との偽情報を流し、ウクライナ市民の間に混乱を拡散しようとしました。

2月24日のウクライナ侵攻直後には、ロシア関係者のアカウントから、「首都キーウからゼレンスキー大統領とウクライナ軍が逃亡した」との情報がSNS上で発信されました。これに対し、前述したようにゼレンスキー大統領が、すぐにキーウから動画を発信したため、逃亡はまったくの嘘であることが露呈しました。

3月16日には、SNS上に、ゼレンスキー大統領が自国の兵士や国民に降伏を呼びかけるディープ・フェイクを使った新たな偽動画も出回りました。ほぼ同時にウクライナの国営テレビもハッキング攻撃に遭い、大統領が降伏を呼びかけたとの偽のテロップが画面に流れました。

今回は映像の画質が悪く（ただし素人がすぐに見分けることは困難）、ゼレンスキー大統領もすぐに注意を呼びかけたため、ロシア側の作戦は失敗に終わりました[9]。

しかし、今日のＡＩ技術の進歩を見れば、今後より巧妙な動画が作られ、素人が映像だけで判断できる可能性はますます低くなっていくでしょう。

ロシアによるウクライナの弾圧と迫害の歴史

大戦中、最大の犠牲者を出した民族

ロシア軍によるウクライナ民間人の虐殺がしばしば報道されています。一方でキーウ近郊のブチャにおける虐殺はフェイクニュースであり、「ブチャの大虐殺は英国とウクライナの計画と判明して騒がなくなった」とツイート（２０２２年11月12日）している日本の元政治家もいました。

このツイートに対し日本ファクトチェックセンターは、２０２２年12月12日にこの情報は「誤り」と評価し「ウクライナと英国の計画であることを示す根拠はなく、虐殺に関する調査はその後も進められている」としています。

そこで、ロシア軍による虐殺について考えるうえで、まずロシアによるウクライナへの迫害と弾圧の歴史を簡単に振り返ってみたいと思います。

歴史を遡ると、ロシアはウクライナを支配し、ウクライナ人を長い間迫害していました。ロシア帝国によるウクライナ支配が始まったのは17世紀末でした。さらに18世紀後半には黒海方面へと進出し、オスマン帝国の保護を受けていたクリミア・ハン国から、クリミア半島を奪いました。ロシア帝国時代（1721～1917年）は、ロシア人はウクライナ人を隷属民として取り扱い、多くのウクライナ人が農奴として搾取され、差別されていました。ウクライナ人は、ウクライナ語の使用を禁止され、さらに監視され行動を制限されていました。

19世紀後半から20世紀初頭にかけてウクライナの民族運動が活発化すると、ロシア帝国は出版や新聞の言論統制を行ない、反抗的な者を厳しく処罰しました。その手段は処刑、強制収容所送り、シベリア流刑などです。

1917年のロシア革命で、ロシア帝国が崩壊すると、ウクライナは独立し、ウクライナ人民共和国が成立します。しかし、レーニン政権は独立を認めず軍事侵攻し、4年に及ぶ戦闘の末、ソビエト軍がウクライナを制圧し、1922年にウクライナはソビエト連邦に編入されてしまいます。ウクライナ人はソビエト連邦時代にも弾圧され、多くのウクライナの知識人や民族運動家が処刑されました。

レーニンの死後、スターリンが独裁を強めるようになると、ウクライナ支配はより強化されていきます。1932〜33年にかけて、スターリンは強制的な農業集団化政策により、ウクライナ農民の土地を没収し、強制労働に従事させます。穀倉地帯といわれるウクライナにおいて、そこで採れる作物はほとんどが輸出にあてられ、ウクライナの人々の食糧は制限されていました。推定で400万人から1000万人のウクライナ人が餓死したとされています。輸出用の食糧が目の前にあるにもかかわらずです。

第2次世界大戦が始まると、ドイツ軍のソ連への侵攻によりウクライナは独ソ戦の舞台になります。ウクライナ人の死者数は兵士、民間人あわせて800万人から1400万人と推定され、大戦中、最大の犠牲者を出した民族とされています。これらのウクライナの人々は、ドイツとの戦争によって殺害されたのですが、実態としてはソ連による迫害といえます。なぜなら、ソ連軍は危険な前線にはウクライナ兵を意図的に投入し、ドイツ侵攻の際は、ウクライナの民間人が危険にさらされてもソ連軍は守らなかったとされているからです。

プーチン大統領は、2021年7月12日に発表した自らの論文の中で、ロシア人とウクライナ人は、歴史的に一つの民族であると主張しています。しかし、実際はこのような歴史的迫害があり、ロシア・ウクライナ戦争においても、調査中ですが、ロシアによる民間人に対する残虐な行為は続いているようです。

残虐性はロシア軍の伝統か

戦争初期段階のロシア軍撤退後のキーウ近郊ブチャでの虐殺の映像は、世界に衝撃を走らせました。しかし、CNNニュース[10]によればロシア軍によるウクライナにおける戦時の残虐行為は歴史的に例外ではないという指摘があります。

同記事によれば、1979年~89年までのソ連のアフガニスタン侵攻における犠牲者について、国際人権団体ヒューマン・ライツ・ウォッチ（HRW）の報告は「100万人を超えるアフガニスタンの民間人が殺害されたとみられる。大半は空爆の犠牲者だ。行方不明は数万人。その多くは裁判も経ずその場で処刑された」としています。

1994~96年の第一次チェチェン紛争では、首都グロズヌイにおけるわずか2か月の戦闘で2万5000人前後の民間人が殺害されたとしています（ロシアの人権問題専門家）。

1999~2009年の第2次チェチェン紛争では、1999年12月下旬から2000年2月上旬までの最初の1か月余の間に、少なくとも98人以上の民間人が裁判なしに処刑されたといいます（HRW）。

また2000年、国際人権連盟は、ロシアはチェチェンで「裁判なしの処刑、殺人、身体的虐待、拷問を行なった。敵対的行為に直接関与しない人々に対し意図的に重大な危害を加え、故意に民間人を攻撃した」と明らかにしています。

2015年にロシアが内戦に介入したシリアにおいては、ロシアの爆撃によって8683人の民間人が殺害されたとシリア人権監視団体は述べています。

ロシアは歴史的にみれば平時からウクライナ人に対する迫害や弾圧を加え、戦時においては虐殺や拷問を繰り返しています。さらに、今回のロシア・ウクライナ戦争でこの傾向を加速させた理由の一つは、SNSなどを活用した市民による、ウクライナ軍へのロシア兵に関する情報提供にもあるのではないかと筆者は思います。

ロシア軍としては、ウクライナ国民が皆パルチザンだと思って対応せざるを得ないからです。無抵抗に見える住民がいつ自分たちの行動をウクライナ軍に通報しているかわからないからです。ロシア軍に逮捕され解放されたウクライナ人のインタビュー記事では、尋問でスマホを調べられたという内容を多く見ます。

ロシア情報機関による工作の疑い

相次ぐオリガルヒの不審死

2022年1月下旬から7月までに少なくとも8人のエネルギー企業の重役やオリガルヒ（富豪）が以下のように不審な死に方をしています。

2022年1月30日、ガスプロムの投資プロジェクトを扱うガスプロムインベストの責任者だったレオニード・シュルマ氏（60歳）の遺体が、サンクトペテルブルクの北にあるヴィボルグスキー地区のコテージのバスルームで発見されました。地元のニュースによればシュルマン氏は足のけがのために病気療養中だったが、自殺であるとされています。

ロシアがウクライナ侵攻した翌朝（2月25日）、ガスプロムの幹部だったアレクサンダー・チュラコフ氏（61歳）が、自宅のガレージで死亡しているのが発見されました。ガスプロムも地域の調査委員会もこの死について公式声明を発表していませんが、報道では自殺だとされています。

2月28日には、ウクライナ生まれの実業家ミハイル・ワトフォード氏が、イングランド南東部で死亡しているのが発見されました。地元メディアによると、州警察は彼の死を疑わしいものとして扱ってはいないとされています。

4月18日には、ガスプロム銀行の元副社長であるウラジスラフ・アヴァエフ氏（51歳）とその妻子の遺体が、モスクワのマンションで発見されました。コメルサント紙によれば、アヴァエフ氏が自殺する前に妻子を銃で撃ったとされています。

同月19日には、天然ガス会社大手ノヴァテクの元最高経営責任者のセルゲイ・プロトセーニャ氏（55歳）とその妻子の遺体がスペインの別荘で発見されました。事件を調査しているスペインの地方警察によれば、プロトセーニャ氏が自殺する前に妻子を撃ったとされています。

5月には、ルクオイルの大物役員アレクサンデル・スボティン氏が心不全で亡くなりました。報道では、シャーマン（宗教的職能者）による代替医療を探していた最中だったとされます。

5月4日には、レストランチェーンの元経営者のウラジーミル・リャキセフ氏（45歳）が、住んでいた建物の16階のバルコニーで死亡しているのが発見されました。情報筋によれば頭に銃創を負った状態で発見されたといいます。

7月には、ガスプロムの北極圏の契約に取り組んだアストラシッピングのCEO兼創業者のユーリー・ボロノフ氏が、レニングラード地方の複合施設のプールで死亡しているのが発見されました。頭に銃創があり、近くでピストルが発見されたと報道されています。

これらの事件は、ロシア情報機関との関係もロシア・ウクライナ戦争との関係も不明です。しかし、ロシアにおいて裕福で、生活には何の心配もないと考えられるオリガルヒがなぜ自殺するのでしょうか。

次に述べるロシアの石油会社大手のルクオイルのラヴィル・マガノフ会長（67歳）の死も、単なる自殺と考えられるのでしょうか。

ロシアにおける世界最大級の石油会社会長の死

ロシアの国営タス通信は、ルクオイルのマガノフ会長が2022年9月1日午前にモスクワ市内の病院の6階窓から転落し、その後、自殺だったと判明したと伝えています。マガノフ氏は1993年に入社し、2020年に会長に就任しました。ルクオイル社は、ロシア第2位の石油・ガス会社であり、世界最大級のエネルギー企業に成長したのはマガノフ氏の経営手腕によるものだと、同社の声明の中で述べられています。

また、マガノフ氏はロシア国家への貢献も認められ、2019年にはプーチン大統領から生涯の功労をたたえる勲章を授与されています。このように、ルクオイル社はロシア最大級の民間の石油・ガス会社ですが、2023年3月、ウクライナでの「武装紛争のできる限り早期の終結」を呼びかけたことで、国際社会でも注目を浴びました。

当時、同社の取締役会は株主、従業員、顧客に宛てた声明の中で、「今回の〈ウクライナ特別作戦で〉悲劇で被害を受けたすべての犠牲者に、心からお見舞いを申し上げます」と述べ、さらに「当社は真摯な交渉と外交を通じて恒久的な停戦と問題解決が実現することを強く支持します」と記していました。

ルクオイル社はマガノフ会長の死を認めたものの、「重病の末」と説明し、転落については触れませんでした。プーチン大統領の政策を批判するような声明を出したあとでの不自然な自殺説の報道です。ルクオイル社としては、会長の死が政府機関からなんらかの工作によるものではないかとの疑念が払拭できないため、抗議の意味も込めて事実だけを公表したのではないかと筆者は推察します。

不審死は、ロシア政府に反対する政治家やジャーナリストの殺害といった明らかな暗殺事件ほどには、世間に衝撃を与えませんが、関係者には十分な警告を与えることができます。そして、このような工作活動はロシア情報機関の〝得意分野〟です。

つまり、たとえオリガルヒといえどもロシア政府の政策に異議を唱えるものは、ただでは済まない。西側に迎合するような言動はするなという、恐怖のメッセージと捉えることができます。

２０２３年8月23日に航空機が墜落して死亡したエフゲニー・プリゴジン氏の事例も、真相は明らかになっていません。しかし、単なる事故死とは考えにくく、２０２３年末現在、これも不審死や積極工作の疑いの範疇に含まれると思います。

モルドバに対する政権転覆工作

２０２３年3月22日、モルドバ駐日大使（ドゥミトル・ソコラン）は、モルドバの首都キシナウで続く反政府デモについて「ロシアが政権転覆を狙い、混乱を引き起こそうと画策している」と非難しました。[11]

その1か月ほど前の2月13日には、現モルドバ大統領が、ウクライナ側から、ロシアによるモルドバ破壊工作の情報提供があったとして詳細を公表しました。デモをたきつけて政権転覆を図るため「訓練を受けた軍人が民間人を装う」「政府機関を襲って人質をとる」ことが計画されていると明かし、警戒を促していました。[12]

モルドバは、ルーマニアとウクライナと国境を接する東欧の内陸国であり、多くの国から侵略された歴史を持っています。1947年以降はソ連の構成国として存続しましたが、ソ連の崩壊にともない1991年8月にモルドバ共和国として独立しました。

しかし、1990年にモルドバ東部のウクライナに接するトランスニストリア地域で、親ロシア派が「沿ドニエストル共和国」として一方的に分離独立を宣言しました。1992年以来、ロシア軍が駐留し、中央政府の支配が及んでいない地域になっています。内政は、親欧州派と親ロ派とが政権交代する状況が繰り返されています。

現在は、世界銀行の元エコノミストであるマイア・サンドゥが「前政権の汚職を払拭し、EU加盟に向けてモルドバを導くこと」を約束して2020年に選出され、政権を担っています。公約のEU加盟については、ロシア・ウクライナ戦争を受けて、急速に前進し、2022年6月、ウクライナとともに加盟候補国となりました。しかしながら、モルドバの人口は、約260万人、[13] 1人あたりのGDPは5671ドル[14]で、193か国中105位、ヨーロッパでは最貧国の一つです。[15]

農業・食品加工業以外の基幹産業に乏しくエネルギー資源も非常に乏しく、他国からのエネルギー供給に依存しています。なかでも天然ガスの輸入の割合が多く、全体の63パーセントを占めています。しかも、その99パーセントはロシアからの輸入です。[16] このため、ロシアは冬のエネルギー不足などにもつけ込んで、モルドバへの影響力を増大しようとしています。

さらに、ロシアはエネルギー以外の手段も活用し、モルドバへの揺さぶりを強めています。ロシア側はモルドバ政府の親EU路線が生活苦をもたらしているとのデマもSNSで流布しています。冒頭の反政府デモもその一つです。ウクライナのメディアの報道によると、このデモはロシアと強いつながりがある野党が扇動し、その資金はロシアから流れているとされています。

ウクライナ国防省の情報総局の幹部は、地元メディアに「ロシアは『モルドバ人は我らの味方』という幻想を自国民に生み出すために革命を起こそうとしている」と指摘しています。

モルドバ国内の分断は深刻で、反政権運動による騒乱が広がるリスクもあります。モルドバ議会は2023年3月2日、ロシアのウクライナ侵攻を非難する宣言を採択しましたが、全101議員のうち賛成票を投じたのは55人にとどまっています。[17] 若年層の（不況などによる）海外流出により、ロシアに親しみを感じる高齢層が有権者に占める割合が高くなっていることもロシアの工作に対して脆弱な一因になっているとされます。

その他、ロシアがあえてモルドバでの緊張を高めているのには、ウクライナ軍の兵力をモルドバ国境付近の防衛に割かせるという狙いもあるとみられます。「沿ドニエストル共和国」に駐留しているロシア軍は1500人程度の規模とされています。兵力的にはウクライナにとって深刻な脅威にはならないと思われますが、モルドバ側からのウクライナへの侵攻の可能性をロシアがちらつかせるだけで、ウクライナとしてはある程度の防御態勢をとらざるをえなくなり、その分、ほかの地域への戦力が削がれることになります。

このような、モルドバの現実は、ロシアにエネルギー資源を依存し過ぎることの、問題点を浮き彫りにしている典型的な例だと考えます。

ドニエプル川のダムの破壊

2022年2月、ロシアはウクライナに侵攻するとすぐに、カホフカ水力発電所およびダム一帯を制圧し、ロシア軍の勢力下に置きました。

2022年7月、ウクライナは南部奪還作戦を本格化させると表明し、ヘルソン州一体で反撃が本格化しました。ドニエプル川にかかる橋は限られており、カホフカダムの堤頂部の道路橋と鉄道橋は交通路としての重要性がより増大しました。

7月、ロシアはカホフカの水力発電所がウクライナ軍の砲撃を受けたと発表しましたが、ダム本体への被害については公表されていません。

8月、英国防省は、戦況分析によりウクライナ軍が行なった精密攻撃でダム堤頂部の道路が破壊され、重車両が通行不能になったと指摘しました。

10月、ウクライナのゼレンスキー大統領は、欧州議会の演説においてロシア側がカホフカダムと同発電所に地雷を仕掛けていると指摘してロシアを非難しました。またこの頃、ロシア、ウクライナの双方が相手が「ダムを爆破して下流に大規模な洪水を起こそうとしている」と主張しています。

11月6日、ロシアに占領されているヘルソン州で停電が発生しました。これに対しロシア国営メディアは、カホフカダムがウクライナ軍のハイマース（米国供与の高機動ロケット砲システム）による攻撃で、ダムの水門が破損したと伝えました。

11月11日、ヘルソン州のドニエプル川右岸一帯からロシア軍が撤退し、州都のヘルソン市をウクライナ軍が奪還しました。このヘルソン方面での戦いにおいて重要な役割を果たしたのがハイマースによる橋への打撃です。橋の利用が困難になったロシア軍は、大規模な補給が続かなくなり部隊の維持ができず、撤退に追い込まれたとされています。

ロシア軍は撤退の際に、ヘルソン付近の7本の橋を破壊した模様です。[18] 米国の衛星画像会社のマクサーによれば、11日朝に撮影された画像では、ドニエプル川を渡るダムより下流の4つの橋すべてが損傷しています。

マクサー社は「今朝の衛星画像は……ロシア軍がヘルソンからドニエプル川を渡って撤退した影響で、いくつかの橋とノヴァ・カホフカ・ダムに新たな重大な損傷があったことを明らかにした」と声明で述べました。[19] さらに「今週初めにはウクライナがダムを砲撃したにもかかわらず、ダムと水門の一部が意図的に破壊された」としています。

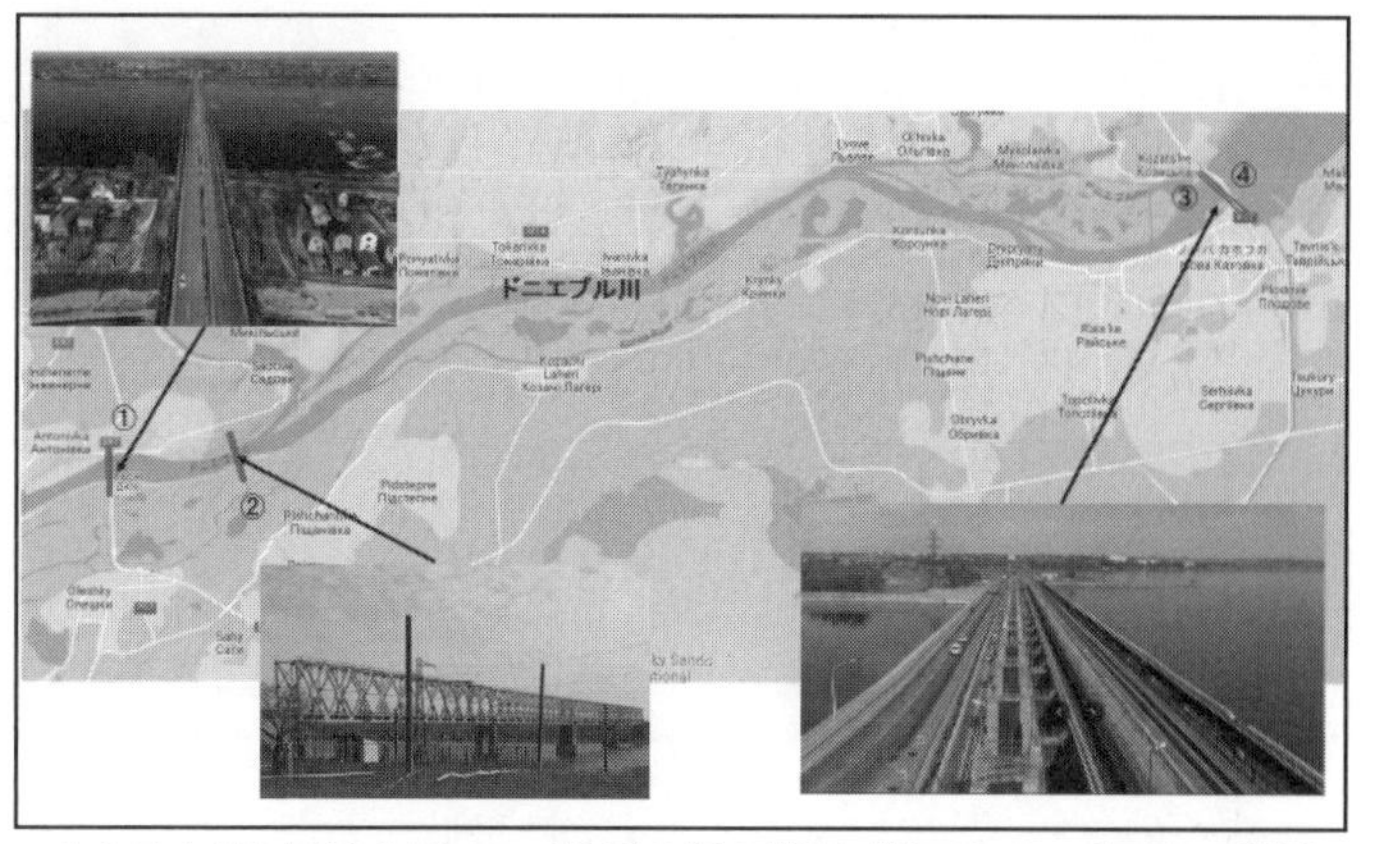

カホフカダム下流のドニエプル川の橋の状況（①アントニウスキー道路橋（片側２車線の４車線道道路）、②アントニウスキー鉄道橋、③カホフカダム道路橋、④カホフカダム鉄道橋（google mapを基に筆者作成）

マクサー社の衛星写真によれば、ダム以外の橋は、ほぼ完全に破壊されていますが、ダムの橋の部分はドニエプル川右岸寄りの付け根の部分の一部が破壊されたのみで、ダムの堤体への致命的な破壊は見られないようです。

英国防省[20]は、ダムの被害状況について次のように評価しています。

●カホフカダムは、主要な水力発電所の敷地であるだけでなく、ドニエプル川下流の2つの主要な道路橋のうちの1つでもある。2022年8月以来、ウクライナの精密攻撃がこの場所を標的にしており、ロシア軍の補給を妨害することに成功した。

●11月11日、この場所はさらに大きな被害を受けたが、これはほぼ確実に、撤退するロシア軍による制御された破壊が原因。おそらく将来のウクライナの進出を妨げようとして行なわれたものと思われる。
●ダム北端の道路橋と鉄道橋の主桁3か所が破壊され、通行できなくなった。しかし、ダムのこのセクションの下にある3つの放水路ゲートはほぼ無傷のままで、現在の被害レベルでは、下流域で大規模な洪水が発生する可能性は低い。

11月以降、ロシア・ウクライナ両軍はドニエプル川を挟んで砲撃の応酬を続けてきました。しかし、2023年6月5日夜から6日未明にかけてダムが崩壊しました。8日の時点で、ヘルソン州の知事は同州の約600平方キロメートル（東京23区と同規模）が水没したと明らかにしました。

ウクライナ側は、同軍の東岸への渡河作戦を阻止するため、ロシアがダムを決壊させ洪水を起こしたと主張します。

一方、ダムを管理しているロシアは破壊行為を否定し、ウクライナの砲弾によるものだとしています。ドニエプル川西岸の防御部隊を攻撃に転用しようと企図しているウクライナ軍がロシア軍による渡河攻撃を防ぐために行なったものだと主張しています。

ロシア、ウクライナ双方とも相手側の攻撃によるものと主張していますが、その後も真相は不明です。

２０２２年11月までは、ウクライナもロシアも相手がダムを破壊する恐れがあると非難しつつも、実際のダムの攻撃はコントロールされてきました。洪水による被害やザポリージャ原発の冷却水の不足などを懸念したからだと考えられます。

しかし、ウクライナ側の反転攻勢を恐れて、仮にロシアがダムを爆破したということであれば、ロシアによる積極工作活動の一部と捉えることもできます。

（1）INFORMATION DISORDER : Toward an interdisciplinary framework for research and policy making Council of Europe report DGI（2017）09

（2）Christopher Paul, Miriam Matthews, The Russian "Firehose of Falsehood" Propaganda Model Why It Might Work and Options to Counter It. RAND corporation https://www.rand.org/pubs/perspectives/PE198.html ネットの世界で「ファイアホース」は消防車の消防ホースから放水されるように、大量の情報やデータが短時間で連続して発信・流れてくる様子を表現する際に使われる用語。

（3）ＩＲＡを率いているのは、ワグネルも率いるエフゲニー・プリゴジンだった（１８３頁参照）。

（4）ＭＳＮＢＣ（米ニュース専門放送局）２０２２年3月12日 Right-wingers flirt with Ukraine bioweapons conspiracy theory

（5）「情報戦は地政学」ロシアの偽情報戦略を解く　長迫智子『外交』ＶｏＬ73（２０２２年5月、6月）61頁 http://www.gaiko-web.jp/archives/4136

（6）ジェームズ・ブラウン「ロシア国営メディアの日本語発信を分析してみた！」日経ビジネス（２０２１年５月27日）https://business.nikkei.com/atcl/seminar/19/00023/052600259/

RUSSIA BEYONDはロシアの国営通信社であるＲＴの運営する多言語メディア。スプートニクと比べて政治的な話題は少なくロシア文化などに焦点を当てた記事が多い。

（７）U.S. DEPARTMENT of STATE Global Engagement Center：GEC Special Report, Kremlin-Funded Media:RT and Sputnik'sRole in Russia's Disinformation and Propaganda Ecosystem January, 2022

（８）偽旗作戦（false flag operation）とは、敵側に誤った認識を与えて、こちらが望む行動をとらせるための軍事作戦行動。たとえば緊張状態にある国々の国境付近で、いずれかの側から攻撃が行なわれたようにみせかけて戦争を誘発させるなどの行為。古くから使われている手法であるが、２０１４年のロシアのウクライナ侵攻や２０２２年のウクライナ侵攻をめぐり西側諸国がロシアの行動を非難する用語としても頻繁に使われている。

（９）A Zelensky Deepfake Was Quickly Defeated. The Next One Might Not Be
https://www.wired.com/story/zelensky-deepfake-facebook-twitter-playbook/

（１０）ＣＮＮ（２０２２年4月6日）

（１１）日本経済新聞（２０２３年3月22日）

（１２）日本経済新聞（２０２３年2月14日）

（１３）２０２１年モルドバ国家統計局。トランスニストリア地域の住民を除く。

（１４）２０２２年ＩＭＦ推定値、ちなみにウクライナの1人あたりのＧＤＰは４３４９ドル（２０２２年：ＩＭＦ推定値）

（１５）中央アジアの国々にはさらにＧＤＰの低い国はある。タジキスタン９０６ドル、キルギス１２８３ドル、ウズベキスタン２００２ドル（ＩＭＦ、２０２１年）

（１６）New Eastern Europe"Moldova's fragile energy security" 2018.3.14
https://neweasterneurope.eu/2018/03/14/moldovas-energy-security/

（17）日本経済新聞（2023年3月8日）
（18）CNNによれば「過去24時間で少なくとも7本のヘルソン付近の橋が破壊されたことが衛星画像と写真で明らかになった（そのうち4本がドニエプル川に架かる橋）」（CNN、2022年11月11日）
（19）マクサー社Twitter（2022年11月12日）、ロイター（2022年11月12日）
https://www.reuters.com/world/europe/new-damage-major-dam-near-kherson-after-russian-retreat-maxar-satellite-2022-11-11/
（20）英国防省Twitter（2022年11月16日）

第5章　ウクライナも得意とする積極工作

ウクライナで最も成功したプロパガンダ

ソ連の流れを組むウクライナの情報機関とその改革

ウクライナの情報機関は、元々はソ連の情報機関の一部として活動していました。ソ連崩壊により独立し、西側諸国とも情報共有などを行ないつつ、特に2014年のロシアによるクリミア併合以降は、第1章でも触れたように西側の訓練を受けたりしているため、組織や活動にかなりの変化はあると思います。

しかし、一般的に組織風土というのはなかなか改めることができないため、本質的にはソ連時代と同じようなメンタリティーが残っており、昔と同じような考え方のもとに業務を遂行していることは十分に考えられます。

したがって、ディスインフォメーション(偽情報)から暴力活動をともなう活動までの公然・非公然の諸工作を英米情報機関のノウハウを取り込みながら行なっていると考えられます。

ウクライナの主要情報機関には次の4つがあります。

●ウクライナ保安庁(SBU)……ソ連時代のKGBのウクライナにおける後継機関(職員は5000人程度)

●ウクライナ国防省情報総局(MDI、GUR、HURなど複数の通称)……ソ連のGRUのウクライナにおける後継機関で、主に軍事情報を収集(職員はSBUの数分の一)

●ウクライナ対外情報庁(FISU)……外国の政治、経済、軍事技術、科学技術、情報分野などにおける諜報活動、ならびに国際組織犯罪、テロ対策に従事

●ウクライナ国家特別通信局(SSCIP)……通信傍受・通信保全を担当

ところが、2014年以降、CIAがSBUを支援する過程で、依然としてロシアのFSBが内部に浸透していることを懸念し、SBU内に新しく二つの総局を創設しました。一つはCIAと連携するための「第5総局」、その後に英国のMI6(秘密情報部)と連携するための「第6総局」が作られました。

元米情報当局者によると、それでも「SBUは組織が大きすぎて改革はできなかった」。一方で、

GURの将校はKGB時代の将軍ではなく若手の将校が多く、SBUより「小規模で機敏な組織で（CIAが）大きな影響力を発揮できると期待し」、米国は2015年以降大規模な変革に着手したとしています。

GURは、積極工作部門の職員を募集し、彼らはウクライナ国内や米国内の拠点で敵の後方地域で活動するための秘密工作活動に関する幅広い訓練を受けたとしています。

SBUとGURは秘密工作活動の任務において、SBUが長期的で複雑な任務を、GURはより短期的な任務を遂行するように棲み分けられているようです。両組織の新しい部署の厳選された若手はCIA職員の指導を受け、その能力を身につけたとされています。(1)

CIAはGURに対しスペツナズ（特殊部隊）のための新しいビルやシギント活動を担当する局の創設にも資金提供しています。GURの元高官によれば、ロシア軍や情報機関による「一日で25～30万件の通信を傍受」し、そのデータはCIAを通じてNSAに送られていたとしています。

大手メディアも追随した「キーウの幽霊」

2022年12月11日の共同通信が伝えるところによると、侵攻したロシア軍機を首都キーウ上空で次々に撃墜したウクライナ空軍の英雄としてSNS上で有名になったパイロット「キーウの幽霊」が国民の士気を支え、高揚させています。キーウ市内のビルには、「キーウの幽霊」（コクピットに乗り込んだパイロットの上半身）を描いた巨大な壁画も出現しています。

伝説の発端となったのは、ネット上に出回ったウクライナ空軍のミグ29戦闘機によるロシア空軍のスホーイ27戦闘機撃墜の動画でした。ロシア侵攻が始まった翌日からウクライナのメディアがミグ29戦闘機を操縦する正体不明のパイロットが30時間で6機のロシア軍機を撃墜したと報道し始め、そのミーム[2]（305頁参照）やイラストはオンラインで拡散しました。

SNS上で有名になったウクライナ空軍の英雄「キーウの幽霊」が壁画にも登場

ネット上では、ロシア軍機を次々と撃墜するエース・パイロットがいるとの噂が広がり、「キーウの幽霊」（ghost of kyiv）と名づけられ、ミグ29戦闘機の動画とともに拡散されました。「#ghostofkyiv」のハッシュタグも付けられて何億回もの閲覧を集めました。

その数日後には、ウクライナ政府もキーウの幽霊の存在を認めるツイートを投稿しました。敵機を撃墜するパイロットの映像とともに「ウクライナは、第2次世界大戦以降、初めてのエースを輩出した。人々は彼を〝ゴースト・オブ・キーウ〟と呼んだ。まさにそうだ。侵攻するロシア空軍にとって、悪夢となっている」とツイートしました。そして、エース・パイロットは開戦後2日間で、10機を撃ち落としたと説明していました。

その後も、ウクライナ議会の元議員イゴール・モシチュク氏が「キーウの幽霊は撃墜されたが、生き残った。基地に戻り、別の戦闘機に乗り換え、敵機を撃ち落とした」とフェイスブックに投稿しました。

その他、現地メディアの『キーウポスト』が「ゴーストは生きていた。少なくとも49機を撃墜した」とキャプションをつけ、パイロットの写真を投稿したことで、実在する人物の話として、武勇伝が広まっていきました。

4月29日、ついに英国の『ロンドン・タイムズ』が、情報筋の話として、ロシア軍の戦闘機40機以上を撃墜したエース・パイロット「ゴースト・オブ・キーウ」こと、ステファン・タラバルカ（Stepan Tarabalka）少佐（29歳）が「圧倒的なロシア軍」と空中戦を展開し、撃墜されたと報じました。

タイムズの報道をもとに、米国でも『ニューヨークポスト』などが相次いで報じたことで、ウクライナの「ヒーロー」と噂されていたキーウの幽霊が実在していたというニュースが世界を駆け巡りました。

しかし、これらの報道を受け、ウクライナ空軍は4月31日、「キーウの幽霊は、ウクライナ人によって創られたキャラクターのスーパーヒーロー・レジェンドだ！」とフェイスブックに投稿し、あわててそれまでの報道内容を否定しました。ウクライナ空軍の発表によると、タラバルカ氏が3月に戦死したことは事実だが、40機を撃ち落としたという事実はない、〝情報筋〟をもとにした報道とされるが、情報源を確認するよう求めました。

実は、最初に投稿された動画をファクトチェック機関がチェックしたところ、元の動画はロシア・ウクライナ戦争のものではないことが判明しました。しかも２００８年に最初にリリースされたシミュレーションゲーム「Digital Combat Simulator World」[3]で作成されたものだったのです。

ロシア・ウクライナ戦争関連をユーチューブに投稿[4]しているユーザー名「Comrade_Corb（同志コルブ）」が２０２２年２月25日に、このシミュレーターの動画の一部をアップロードしました。タイトルには英語で「キーウの幽霊 ＫＩＬＬ―ウクライナ軍のミグ29とロシア軍のスホーイ27によるドッグファイトをＤＣＳでシミュレートしてみた」とあり、動画の説明欄にも、「『キーウの幽霊』にリスペクトを込めて作成したものです」とあります。

しかし、いつの間にかキャプション（タイトルや説明文）が書き換えられ、それが実際の戦闘場面として拡散したようです。これは偽情報が作られネットを通じて拡散していくという見本のようなものです。それらを受けて、マスコミも追随していきました。

ここからは、発信元が『ロンドン・タイムズ』や『ニューヨークポスト』といった欧米の大手新聞

松田重工氏の漫画「キエフの幽霊」の表紙とその一部。2024 年夏には続編「幽霊の帰還」がウクライナでも出版されるという。

社だというクレジットだけで、すぐに信じてはならないという、情報処理上の教訓が得られます。

2022年5月、『ニューヨーク・タイムズ』は、このパイロットの物語を「ウクライナの情報戦争で最も成功したプロパガンダの一つ」だと評価しています。

日本でも「キーウの幽霊」が漫画になり拡散

このキーウの幽霊をモチーフに日本の作家がフィクションとして想像を膨らませて描いた漫画が、戦時下のウクライナで売れているといいます。タイトルはずばり「キエフの幽霊」[5]。ウクライナ上空に侵入したロシア軍機を、ことごとく背後から攻撃する「幽霊のような」ウクライナ軍パイロットの活躍を描いた作品です。B5判サイズで18ページからなっています。

描いたのは埼玉県在住の同人作家の松田重工氏。2022年4月に、松田氏がツイッターに「キエフの幽霊」を紹介する投稿をすると、SNSで瞬く間に拡散されました。

ウクライナ北東部ハルキウ州の出版社ラノックの社長が、職場のチャットで共有されていたこの漫画を見て、ウクライナでの出版を決意。社長がフェイスブックで駐日ウクライナ大使に連絡し、大使を仲介して出版が実現したそうです。そして、2022年8月4日、在日ウクライナ大使館は英語版とウクライナ語版が発売できたことを報告し、松田氏へのお礼のコメントをツイッターに投稿しています。12月8日の『朝日新聞』(デジタル)の記事などによれば、初版はウクライナ語で2万5千部、英語で5千部を印刷。ウクライナ国内の182の書店とポーランド、ドイツの一部の書店でも販売されベストセラーになっているといいます。

松田氏自身もこの展開に驚いているとのことですが、人々が見たいと思うものが、インターネットを通じて一挙に拡散していくという新しい情報戦を象徴するような出来事です。

「柴犬(シバイヌ)」でロシアの偽情報と戦うNAFO

一見不真面目なようですが、日本の柴犬をアバターに用い、ツイッターでロシアと戦う集団も、大きな力を持つようになりました。これは、NATO(北大西洋条約機構)をもじり、NAFO(North At-

柴犬のアバターを用いてロシア発の偽情報と戦う市民グループ NAFO（Twitter）

lantic Fella Organization：北大西洋同志機構）と称する市民グループで、ロシアのプロパガンダや偽情報を拡散する投稿を見つけると、「集団防衛」を発動し、皮肉交じりのユーモアで、プーチン政権やロシア軍をちゃかして対抗する活動です。

たとえばウクライナを「ナチス」呼ばわりするなどの偽情報を発見したメンバーは、集団防衛義務を定めたＮＡＴＯ条約第５条にちなみ「#Article5」とハッシュタグを付けます。すると世界各地から次々にくだらない投稿が行なわれたり、柴犬の合成画像が貼り付けられたりします。

フィンランド政府で偽情報対策を担うアンティ・シランパー氏は「悲惨で残酷な戦争において、くすっと笑えるユーモアでプロパガンダの深刻さを打ち消している」と分析しています。そして「このユーモアが多くの人を引きつける理由だろう」と語っています。

柴犬のアバターを入手するには、ウクライナ支援団体に寄付を行なう必要があります。NAFO創設者の一人によれば、アバターやグッズの売り上げで集めた寄付は、2022年9月末頃の推計で100万ドル（約1億4500万円）を超えたとしています。これらの寄付を使ってジョージア軍団の義勇兵などの兵士向けに装備品を購入したり、ウクライナの人道支援運動を援助したりしているようです。

これらの動きも、クラウドファンディングのシステムのようなインターネットを活用した新たな情報戦の一面です。

ウクライナが関与したとされる暗殺

ロシア国営テレビ編集長の暗殺計画

2023年7月15日、ロシアのFSB（連邦保安庁）は、国営テレビの海外向けチャンネル『RT（RussiaToday）』のマルガリータ・シモニャン編集長の暗殺計画を阻止したと発表しました。シモニャン氏はロシアのウクライナ侵略を支持する立場で過激な言動を繰り返しています。14日、FSBはモスクワなどでパラグラフ88と称するネオナチ集団のメンバーを拘束し、銃や弾薬を押収したといいます。この集団のメンバーが、ウクライナのSBU（保安庁）の指示で暗殺を準備していたことを認めたと主張しています。

ＦＳＢがスプートニク通信に明らかにしたところによると、ロシアのジャーナリスト、クセニア・ソブチャク氏の殺害も計画されていました。パラグラフ88のメンバーは、シモニャン氏とソブチャク氏の職場と住居がある場所で偵察を行なっていました。ＦＳＢは拘束者からカラシニコフ自動小銃、ゴム製棍棒、ナイフ、殺人計画の情報が入っていたパソコン、通信機器などを押収しました。拘束者らは、ＳＢＵの指示で暗殺を準備していたことを認めました。１人の殺人に対して１５０万ルーブル（約２３０万円）の懸賞金を出すとされていたといいます。被疑者は過激な行動やテロ活動に関連した刑事事件で起訴される見込みだとしています[6]。

この内容は、スプートニクジャパンが情報源ですから、ロシア・ウクライナ戦争に関連するこの手の情報の正確性はかなり低いと評価されます（理由は第4章を参照）。

欧米ではＲＴやスプートニクの報道が制限されたり、情報源について注意喚起がなされていますが、日本ではスプートニクの情報はなんら制限がなく報道され、大手・地方新聞社なども追随記事と思われる記事を掲載しています。

スプートニクが、このような内容の記事を出した真意はわかりませんが、ロシア国内外で有名なキャスターがウクライナに狙われているということをアピールしてウクライナへの敵愾心を煽る狙いがあったのかもしれません。また、さまざまな視点で日本向けに情報を流して、どのような情報が受け入れられやすいかを探っている可能性もあります。

プーチン側近の娘を爆殺

２０２２年8月20日、モスクワ郊外でロシアの著名な思想家アレクサンドル・ドゥーギン（60歳）の娘ダリア・ドゥーギナ（29歳）が運転していた自動車が爆発し、本人が死亡しました。

8月22日、ＦＳＢ（連邦保安庁）は、この犯行はダリア氏を標的としてウクライナの情報機関によって準備され実行されたものだと発表しました。ダリア氏はロシアの国営メディアに頻繁に登場し、タカ派のコメンテーターとしても知られていました。そのためウクライナ側の標的になったとしています。

さらにその発表の中で、7月23日にウクライナ人女性のナタリア・ヴォルフク（42歳）がロシアに入国し、ダリア氏の住むアパートの一室を借りて同氏のライフスタイルに関する情報を入手するなどして殺害の機会をうかがっていたとしています。この女性は、爆発前にはダリア氏とその父親が出席したナショナリストの祭典にも出席し、事件後すぐにエストニアに出国したとされています。

のちに、暗殺に使用された爆発物は12歳の少女を同乗させた車に積んだ猫用のゲージに隠されてロシアに持ち込まれたことが判明しています。

ロシアのメディアは、このウクライナ人女性は、ウクライナ国家親衛隊のアゾフ大隊の一員だと伝えていますが、アゾフ大隊はすぐに「何の関係もない」との声明を発表しました。

さらに本当はダリア氏の父親のドゥーギン氏を殺害しようとして、手違いで娘を殺害したとの見方もあります。

ドゥーギン氏は西側からは、ロシアがロシア語圏を統一することなどを主張する極右思想家と指摘されているからです。彼の著作はロシア政府の強硬派に愛読され、プーチン大統領が2014年、ウクライナのクリミア半島を併合し、東部地域を実効支配する決定を後押ししたとされています。

このように、ドゥーギン氏はプーチン大統領の外交政策にも影響を与えているとされ、「プーチン氏の頭脳」と呼ばれることもある人物です。

一方で、ウクライナのミハイル・ポドリャク大統領府長官顧問は、FSBの声明は「フィクションの世界」からの「プロパガンダ」だとツイート（"propaganda" from a "fictional world."）するなど、爆破事件直後からウクライナ側は殺害への関与を否定し、米情報機関の質問に対しても関与を否定し続けているようです。

しかし、10月5日の『ニューヨーク・タイムズ』は、米情報当局者への取材でダリア氏の車の爆発については、ウクライナ政府関係者が関与していたと米情報機関が判断したと報じました。ただし、当局者は、ウクライナ政府のどの組織が任務を承認したと考えられているか、誰が攻撃を実行したか、ゼレンスキー大統領が任務を承認したかどうかについては明らかにしていません。

米当局者は、暗殺の主な標的はドゥーギン氏であり、娘のダリア氏とともにイベントに参加し、同じ車で帰宅する予定を急きょ変更したため難を逃れたとしています。また、この作戦について米国は情報提供なども行なっておらず、事前に相談を受ければ中止を求めていただろうとも語っています。

その後の2023年10月23日の『ワシントンポスト』による複数のウクライナ政府当局者へのインタビューで、彼らは「ウクライナが爆発に関与していないというのは虚偽であることを認めた。彼らは、SBUが作戦を計画し、実行したことを確認している。ドゥーギン氏が主な標的だった可能性があるが、侵略の声高な支持者でもある彼の娘も無実の犠牲者ではなかった」と述べたとされています。

ロシアによる暗殺の自作自演の疑い

ただし、ダリア氏の殺害については、ロシアによる自作自演説も根強くあります。つまりダリア氏殺害は、ウクライナに対する憎悪を煽って戦意高揚や総動員令を出しやすくするため、また、エストニアに対する厳しい対応をとる口実のためにFSBなどの指示によって爆殺をウクライナが行なったように見せかけた自作自演ではないかという見方です。

第4章でも述べたように、ロシア国内では、ロシア政府の都合によって暗殺される人や不審死があるからです。さらにジャーナリストや政治家の殺害も多くあります。

国際NGOジャーナリスト保護委員会によれば、ロシアでは2000年1月から2014年12月までにロシア政府に批判的な39人のジャーナリストが殺害されています。また、それらの犯人はほとんど検挙されておらず、検挙されても当局から詳しい説明はありません。

たとえばロシア政府を強く批判していた独立系ジャーナリストのアンナ・ポリトコフスカヤ氏は、2006年10月7日、モスクワ市内の自宅アパートのエレベーター内で射殺されました。ロシア警察は事件直後、犯人らしき人物が写っている防犯カメラの映像を公開するなど、積極的に捜査を行ない、チェチェン人2人の身柄を拘束しました。しかし、その2人は2009年に証拠不十分で無罪となりました。

そして、事件から6年後の2011年5月31日、ロシア連邦捜査委員会は殺害の真犯人とみられるチェチェン人の容疑者の身柄を拘束したと発表しました。ところが、その事件の実際の黒幕は治安機関の関係者であるとする噂は払拭されていません。

また、政権に反対する政治家の例では、2015年2月27日、ロシアの反プーチン派指導者で野党党首のボリス・ネムツォフが、モスクワ中心部のモスクワ川大橋で銃殺されました。FSBは3月7日に実行犯の男2人を拘束したと発表。1人はチェチェン共和国の現役将校だったとしています。

しかし、「プーチン政権あるいは過激なナショナリストによる暗殺」というのが、西側のメディアの大方の論調でした。この事件では、ロシア当局は当初「現場付近の監視カメラの電源が落ちていたので映像はない」と述べていましたが、監視カメラを管轄するモスクワ市が「クレムリン付近の監視カメラが中断されることはない」と反論。その後、映像データが市当局からFSBに引き渡されたとするなど、不透明な印象は拭えません。

このようなロシアによる過去の暗殺の歴史などから、ダリア氏の爆殺もロシア情報機関などによる自作自演ではないかとの説が消えないのです。

大統領の暗殺阻止、スパイ網の摘発…ウクライナのカウンターインテリジェンス

2022年4月1日の米『FOXニュース』のゼレンスキー大統領へのインタビュー記事によれば、ロシアによる暗殺計画をこれまで何度阻止してきたのか問われ、「試みがあったことは聞いているが、何度あったのか数えるのは難しい」と答えました。

2月24日のロシア侵攻以降、ウクライナ当局は3月末までに少なくとも3回の暗殺を阻止したとの報道もありますが、ミハイル・ポドリャク・ウクライナ大統領府長官顧問は侵攻から2週間で12回以上の暗殺未遂があったと明かし、「我々は非常に強力なインテリジェンスと防諜ネットワークを持っている」と語っています。

ロシアの民間軍事会社ワグネルグループの傭兵やチェチェン共和国の特殊部隊がウクライナに送り込まれているとされていますが、FSBの内通者からの情報により未然に防ぐことができていると欧米メディアは伝えています。当然4月以降も、暗殺計画はあると思われますが、その後目立った報道はなされていませんでした。

2023年8月7日、SBUは、ゼレンスキー大統領の暗殺計画に関連して、ロシアへの情報提供者とされる女性1人を拘束したと明らかにしました。名前は公表されていませんが、ウクライナ南部ミコライウ州の出身とされます。[7] 女性は同州オチャコフの住人で、ウクライナ軍の売店で販売員として勤務していたこともあるようです。

容疑者は、ゼレンスキー大統領暗殺計画の策定のため、7月末に予定されていた大統領のミコライウ訪問についての情報収集を行なっていたとされます。女性はハンドラー(エージェント管理者)に情報を渡そうとした現場を押さえられ、拘束されました。

また、SBUは容疑者の通信を監視し、容疑者が電子戦システムや軍の弾薬庫の場所を突き止める役割を担っていたことも確認しました。地域内の各地を訪れ、ウクライナの施設などの場所を撮影していたとされます。

そのミコライウ州では、2023年10月3日までに、SBUにより大規模なロシアのスパイ網が摘発されました。[8] ミコライウ州に住む情報提供者(informant)13人が拘束され、うち4人はすでに有罪となり、それぞれ8〜15年の禁錮刑が言い渡されました。情報提供者らは、ウクライナ軍の位置や動きに関する情報、ミコライウ市の住宅や公共インフラへの座標などの情報を収集し、連絡係(liaison)を通じて、FSBに提供したとされます。これらの情報などを活用し、ロシア軍は2022年秋、S300ミサイルでミコライウ州にあるビルを攻撃しました。

この連絡係は親ロシア派のブロガー、セルゲイ・レベデフ容疑者だとされています。同容疑者は2023年6月に反逆罪の疑いで起訴されました。SBUは「レベデフ容疑者を調べる過程で、同容疑者がFSBの指示に従ってミコライウ州に独自のスパイネットワークを構築したことが立証された」と説明しています。

レベデフ容疑者は、テレグラムのチャンネルを通じて情報提供者を集めたといいます。

このような大統領の暗殺阻止、スパイ網の摘発などの対応を見ると、情報機関によるカウンターインテリジェンス機能が継続して有効に機能していると考えられます。

クリミア橋の破壊——ウクライナの工作活動

2022年10月8日、ケルチ海峡にかかるクリミアとロシアをつなぐクリミア（ケルチ）橋で爆発がありました。公開された映像では、クリミア橋通過の際に大型トラックが爆発、同時に橋の下をボートが通過する際に爆発した様子などがあります。

プーチン大統領はこの橋の爆発を「テロ攻撃」であり、実行主体はウクライナの特殊部隊だと断じ、10日、安全保障会議を開いて「今朝、ウクライナに対して大規模な攻撃を始めた」と宣言、報復とされるミサイル攻撃をウクライナ各地に仕掛けました。ロシアFSBは、爆発に関わったのは、ウクライナのSBUとGUR[9]のキリロ・ブダノフ局長、同局の職員・工作員だと断定しました。

クリミア橋（円内は2022年10月8日の爆破の様子）

10月12日、爆発に関連していたロシア人5人とウクライナ、アルメニア国籍3人の身柄を拘束したと明らかにしました。FSBは、トラックが爆発したのが橋の破壊の原因とし、その爆発装置は建設用ポリエチレンフィルムに包まれ、ウクライナからブルガリア、ジョージア、アルメニアを経由してロシアに持ち込まれたとしています。

ウクライナのミハイロ・ポドリヤク大統領顧問は、ツイッターに橋の道路部分が崩落した写真を投稿。爆発がウクライナによるものとは直接には認めなかったものの、「クリミア・橋・始まり。違法なものはすべて破壊されなくてはならない。盗まれたものはすべてウクライナに返還されなくてはならない。ロシアに占領されたものはすべてから（ロシアは）追放されなくてはならない」と書き込みました。

その時期には、ウクライナが統治している地域から橋を攻撃できるような射程のミサイルや大砲は、西側諸国からウクライナ軍に供与されていないようです。また、公開された映像からは空爆でもなさそうな状況です。したがって、ウクライナの特殊部隊による積極工作活動、またはパルチザンによる活動の可能性が高いと思われていました。

ロシアにとって象徴的でウクライナにとっても戦略的に重要なこの橋は、2014年にロシアがクリミアを併合した後、プーチン大統領の命令で建設されました。2022年10月の破壊後、2本の道路は23年2月には完全再開し、2本の鉄道路線は同年5月になって通常の運行を再開しました。

ウクライナのハンナ・マリアル国防副大臣は、ロシアのウクライナ侵攻500日目の2023年7月8日、テレグラムにロシアがウクライナに侵攻した以降のウクライナ軍の活動の一つとしてクリミア橋爆破を載せました(9)。これは、2022年10月の攻撃にウクライナ軍が関与したことをそれまでで最も明確に認めた発言だと思われます。

2023年7月17日未明、クリミア橋が再び爆破され、ロシア西部ベルゴロド州在住の男女2人が死亡、橋は一時期通行止めになりました。ロシア当局はウクライナ軍による「テロ攻撃」があったと非難しています。ロシア連邦国家反テロ委員会は声明で、ウクライナが海上無人機(10)2機を使って橋を攻撃したと発表しました。

プーチン大統領は、国防省がロシアの対応を準備しており、FSBがこの攻撃を調査すると述べました。ロシア側の発表によると攻撃を受けたのは道路橋の部分で、鉄道橋には目立った損傷はみられないといいます。鉄道路線も爆発後に一時停止しましたが、同日昼までには再開しました。

ウクライナ当局者らは攻撃を称賛したものの、ウクライナ軍の関与や役割についてはコメントを控えています。ただし、同国の複数のメディアは関係筋の話として、SBUと海軍との共同作戦により橋が攻撃されたと報じています。(11)

2023年8月19日、ウクライナメディア『ニュー・ボイス』はクリミア橋で起きた2022年10月と23年7月の爆発について、SBUのワシリー・マリウク長官自身が作戦に関与したことを認めたと報じました。

インタビューに対し、長官は「ウクライナの機関だけで計画し、外国の協力は得ていない」と強調しました。長官によると、10月の作戦は、建築用資材に包まれた21トンの爆発物を大型トラックに運ばせ、クリミア橋を走行中に爆発させたといいます。爆発は二つの橋脚のほぼ中間地点で起き、片側車線が崩落しました。

2023年の7月の攻撃については、水上無人艇「シーベビー」2隻が使われ、SBUと海軍の合同作戦だったと認めました。「シーベビー」はロシアの侵攻直後にSBUが数か月かけて開発したものです。

このように、ウクライナは元々あった工作部門をCIAの強力な支援を受けて改革を続け、着実に成果を挙げつつあるようです。『ワシントンポスト』（２０２３年10月23日）によれば、過去20か月の間に、ＳＢＵとＧＵＲは数十件の暗殺を実行したとされます。

その中には、２０２２年8月のダリア・ドゥーギナの爆殺、２０２３年4月のサンクトペテルブルクのカフェにおけるロシア軍事ブロガーの爆殺、同年7月ロシア南西部のクラスノダールでジョギング中だったロシア黒海艦隊潜水艦元艦長の射殺（１１５頁参照）も含まれているとされます。

さらに情報機関はドローンでロシア国内を何十回も攻撃しているようです。２０２３年5月クレムリン屋上でドローンが爆破したのも、7月にモスクワの高層ビルに命中したのも、ＧＵＲによる作戦だったとされています。

（１）ワシントンポスト（２０２３年10月23日）
（２）インターネットを通じて人から人へと模倣され拡がっていく話、文化、行動のこと。
（３）Digital Combat Simulator WorldはEagle Dynamics社が開発した軍用機を主としたコンピュータ用のフライトシミュレーションゲームの一種。
（４）https://www.youtube.com/watch?v=SBBJ_JzV8u4
（５）この漫画が描かれた当時、日本ではまだ「キエフ」の呼称が使われていた。
（６）スプートニクジャパン（２０２２年7月15日）https://sputniknews.jp/20230715/rt-16546528.html
読売新聞オンライン（２０２３年7月16日）はスプートニクの記事の概要を掲載。

（7）CNN（2023年8月8日）
（8）CNN（2023年10月3日）
https://edition.cnn.com/europe/live-news/russia-ukraine-war-news-10-03-23/index.html
（9）その他の活動として、451日前：巡洋艦モスクワの撃沈（2022年4月13日）、373日前：ズミイヌイ（スネーク）島（＊）の解放（2022年6月30日）、305日前：ハリコフでの反撃開始（2022年9月6日）などにも言及。https://t.me/s/annamaliar　（＊）ズミイヌイ島は、ウクライナの抵抗の象徴ともなっている島である。ロシア軍はウクライナ侵攻を開始した日、南部の港湾都市オデーサ侵攻の足場として、ズミイヌイ島を占領した。現地守備隊がロシア艦船から投降を求められたが断り、同島の守備隊の勇気が一躍有名になった逸話がある。結局、守備隊はロシア軍の捕虜となったが、捕虜交換で解放された。占領から約4か月（6月30日）後にウクライナ軍が島を奪還した。
（10）水中ドローンにより攻撃されたという報道もあったが、2023年8月に水上無人艇「シーベビー」を用いたとSBU長官が表明。
（11）ウクライナの国営通信社で、政治、経済、社会・文化、防衛、スポーツなどのニュースを日本語で発信しているウクルインフォルム通信のツイッターでは、デフチャレンコSBU報道官が、17日未明のクリミア橋での爆発について「『木綿』（注：爆発の隠語）組織に関するあらゆる詳細事項は、ウクライナの勝利の後に必ず明かす」と言ったと伝えました。同時に同氏は、マリュクSBU長官が過去のインタビューで、「国際法の規範、情勢分析、戦争遂行の伝統からして、敵の兵站ルートの分断は認められている」と述べていたことを強調し、その正当性を主張しました。クリミア橋はロシア軍の兵站ルートの一つとして使われている。

第6章　ウクライナのパルチザン活動

カラシニコフの代わりにスマホで戦う

パルチザンとゲリラとレジスタンス

「パルチザン（partisan）」というフランス語の語源には諸説ありますが、イタリア語のパルティジャ（partigiano：党員や仲間の意味）からきた言葉という説があります。そこから転じて、一般的には外国軍や国内の反革命軍に対して自発的に武器をとって戦う、正規軍には属していない遊撃兵のことを指します。

また、一部の歴史家は、パルチザンを明確な政治的目標を持った、より組織化された武力抵抗グループとし、ゲリラは小グループで主に個々の戦闘員を指すと区別しています。さらに、パルチザンという用語は、主に中央および東ヨーロッパで、ゲリラという用語は南ヨーロッパで好んで使用されるとの解説もあります。

パルチザン戦は、20世紀の新しい現象ではなく、18世紀には存在していたとされています。初期の頃の有名な事例は、1808~14年のナポレオン軍のスペイン侵入に対する民衆の組織的抵抗運動です。20世紀になるとパルチザン戦は通常の戦争の一部として、または平時の反乱運動として発展しました。

1905~06年の第1次ロシア革命の過程で、ボリシェビキ[1]（多数派）が指導する武装襲撃、物資徴発、テロ、サボタージュ（意図的破壊行為、破壊工作）などの諸活動がパルチザン運動と総称されました。この頃、法的にもパルチザンも交戦者として認められるようになりました[2]。

21世紀のパルチザン活動のイメージは、第2次世界大戦中の反ナチス、主に共産主義者による武装抵抗活動によって大部分が形作られています。ベラルーシでも激しいパルチザン活動が行なわれています。ラトビア、リトアニア、ウクライナ西部では、パルチザンはドイツの占領軍とソ連の地下組織の両方と戦っていました。また、旧ユーゴスラビアのチトーによる対独抵抗運動は有名です。

一方「レジスタンス」とは、「抵抗」を意味するフランス語です。特に第2次世界大戦で枢軸国の占領下に置かれた諸国における抵抗運動を指します。それは各地で起こりましたが、特にフランスでは早くから「レジスタンス」を名乗る組織が現れただけでなく、運動は多様化しました。

ドイツ占領下において、のちにレジスタンス文学と呼ばれる詩や小説などの作品も生み出されました。このレジスタンスは、フランスの解放やその後の思想に大きな役割を果たし影響を与えました。

こうしてレジスタンスというフランス語は、諸国の抵抗運動を網羅する言葉として広がっていきました。フランスでは、在ロンドンのドゴール将軍による「自由フランス運動」とフランス国内におけるストライキ、サボタージュ（破壊工作）、ナチス将兵の暗殺、ドイツ軍施設破壊などの地下活動とが、協力と対立の関係をはらみながら発展しました。

そのほかデンマーク、ノルウェー、オランダ、イタリア、ドイツなどでもレジスタンスが行なわれました。

同様の抵抗運動でも、強力な軍事抵抗を行なう組織や活動はパルチザンと呼ばれるようです。したがって、レジスタンスは抵抗運動を行なう組織や活動全般を指し、パルチザンはその中でも武装され、軍事的に組織化された集団や活動だということができます。

また、ゲリラが、組織とともに、しばしばその活動そのものを示すことがあるように、パルチザンも組織だけでなく活動を表すこともあります。

以上のようなことから、本稿ではパルチザンもゲリラも同様の意味で使用し、組織を表すこととします。そして、活動の場合は、ゲリラ戦（活動）、パルチザン戦（活動）とすることとします。レジスタンスの場合は、あえて組織と活動を区分しませんので文脈で判断して下さい。

ウクライナのパルチザンは数百人

では、ウクライナにはどれくらいのパルチザンがいるのでしょうか。戦争開始時には、ウクライナには多くのパルチザンがいて、それらによる活動が対ロシア戦の主体になるとの予想もありました。しかし、実際には戦争はそのように推移していません。

明確には判明しませんが、数的にはそう多くないようです。最前線のロシア軍の背後に潜入しているウクライナの特殊作戦部隊を含めて活動中のパルチザンはせいぜい数百人とされています。そして、パルチザン活動の多くは、南部のヘルソン州とザポリージャ州地域に集中しています。

2014年以降、ロシア軍が支配しているクリミアでは、少数の精鋭のパルチザンが活動しているようですが、兵站やその他の支援が限られているため、攻撃を目的とする行動は少ないとされています。また、親ロシア派が支配してきたウクライナ東部における活動も限定されていて、活動しているパルチザンは百人未満とされます。活動も南部に比べれば軽微なもので主にサボタージュ（破壊工作）、農作物への放火などに限定されているようです。

パルチザン活動と教科書

ロシアがウクライナに侵攻を開始した時、多くの専門家はロシア軍がゲリラ戦に遭遇するだろうと予測したといいます。つまり、政権はすぐに倒され、1980年代のアフガニスタンや1990年代のチェチェンでソ連軍が直面した時よりも強力なゲリラ戦が起こり、長引くだろうと予測したのです。

正規軍は早期に屈服し、屈服しなかった正規軍の一部やパルチザンによるゲリラ戦が唯一の実行可能な戦術として残されるという見込みでした。

しかし、実際は正規軍が西側からの強力な支援を得てロシア軍を撃退し、さらに押し返しているため、パルチザンの活動は比較的注目を集めなかったのが実態です。

従来、ウクライナ政府は、パルチザン活動を不法として禁止してきました。しかし、2014年ロシアがクリミア半島に侵攻し、同地域を併合したことを受けてパルチザン活動を合法化し、パルチザンをウクライナ国防軍の隷下としています。今は軍内の2つの組織が各パルチザンを運営しており、レジスタンスムーブメントと呼ばれるタスクフォースがその取り組みを監督しているとされます。

東部や南部のパルチザンは、すでに2015年頃から将来のロシア侵攻に備え、その補給路を遮断するための資材を集積する隠し倉庫などを作っていたとされます。資材は軍の特殊部隊が夜中に行動して、ある場所に秘匿し（埋設も含む）、それを地域のパルチザンが隠し倉庫に秘密裏に運び込んでいたのです。

また、ロシア侵攻を受けるとすぐにウクライナ国防省は「国民レジスタンスセンター」というサイトを開設して、市民による抵抗運動のやり方、パルチザンへの参加を積極的に奨励しています。サイトには「ロシアのドローンを見つけた時の対処法」「ロシアの戦車を盗む方法」「小火器の使用法」「家庭で煙幕弾を製造する方法」なども掲載されているようです。

さらに、ウクライナのパルチザンには、戦いのための教科書もありました。約300ページもある『抵抗活動コンセプト（ROC：Resistance Operating Concept）』です。これは、アメリカの特殊部隊が欧州で活動する兵士のために、過去のパルチザンの活動や戦術などを体系化したものでUSSOCOM（米特殊作戦軍）において特殊作戦部隊の教育を行なうJSOU（統合特殊作戦大学）が発行したものです。

2008年、ロシアがジョージアに侵攻したことを契機に作成が開始され、2013年に完成しました。ネット上で公開されているとともにアマゾン（Amazon）で購入も可能です。ウクライナは2014年のロシアによるクリミア侵攻を契機にこの教科書を使ってパルチザン活動を準備してきたのです。

戦争の初期段階で、ウクライナの一般市民とみられる人たちが手際よく火炎瓶を作っている映像などが流れていましたが、こういう背景があったものと考えられます。

元パルチザンの証言によれば、パルチザンの主な役割は、①要人暗殺、②拠点破壊、③敵の位置情報の提供です。その視点で情報を分析してみるとパルチザンの活動が浮き彫りになってきます。

ハーバード・ケネディスクールがまとめた資料によると2022年2月24日から11月2日までの①

②の活動は55件に上り、そのうち31件がロシア占領地域においてロシアに協力する公務員などに対する暗殺（未遂）に関係しています。[3]

この期間中に、少なくとも12人の対象者が死亡し、12人が負傷しています。特徴的なのは、医師、消防士、電力会社職員などは、暗殺対象から除外されていることです。このような職業従事者は、いざという時にウクライナにも役立つからというのがその理由です。

③の敵の位置情報の提供は、アメリカから「ハイマース（高機動ロケット砲システム）」が届いてからは、パルチザンのより重要な任務となっていました。カラシニコフの代わりにスマホで戦うのです。つまり、敵の宿営地、弾薬集積所、司令部などの位置を詳細に調べ、グーグルマップで確認、それをパルチザン専用アプリで軍に送信するというシステムができているとされます。ハイマースによるピンポイントの攻撃は、このようなパルチザンの情報収集活動が一役買っていたのでしょう。

SNSを活用してロシア潜水艦元艦長を殺害

ロシアの国営タス通信によると、2023年7月10日、ロシア黒海艦隊の元潜水艦艦長スタニスラフ・ルジツキー氏がロシア南部クラスノダールの公園をランニング中に7発の銃弾を浴びて殺害されました。

同月14日、ロシア連邦捜査委員会は、ウクライナ人のセルゲイ・デニセンコ容疑者を計画殺人や違

ランニング中に殺害されたロシア黒海艦隊の元潜水艦艦長スタニスラフ・ルジツキー氏。襲撃犯はアプリ「Strava」で同氏の位置情報を特定した可能性がある（出典：CNN 2023年3月12日）

法な武器売買の疑いで訴追したと明らかにしました。

ウクライナの声明やロシアメディアの報道によると、ルジツキー氏は黒海艦隊のキロ型潜水艦の艦長を務めた人物で、この潜水艦は巡航ミサイル「カリブル」[4]を発射可能でした。潜水艦発射ミサイルによる攻撃は、ウクライナの都市に甚大な被害をもたらしており、1年前の2022年7月にはウクライナ中部の都市ビンニツァで、子ども3人を含む数十人が亡くなりました。

ロシアメディアによれば、襲撃犯はランナーやサイクリング愛好者の間で広く使われているアプリ「ストラバ（Strava）」を利用し、ルジツキー氏の動きを追跡していた可能性があると報じられました。ストラバには、ルジツキー氏がランニングやサイクリングに使っていたルートが本人の名前とともに表示されているようです。殺害現場の公園は、同氏が定期的に使っていたランニングのルートの一つでした[5]。

ストラバとは、サイクリングやランニング、ウォーキングといった、位置情報をともなう活動を対象にした、SNS機能／マップ機能／ログ機能が複合されたサービスです。2009年にスタートしたアメリカの企業によるサービスで、現在全世界で約9900万人ものユーザーがいるとされます。

ストラバでは、個人の活動は公開しないようにすることもできますが、テキストや画像のほか、自分が記録したサイクリングやランニングの活動（アクティビティ）を投稿するのが一般的とされています。ほかのユーザー（アスリート）との関係が築けたり、コメントを残すこともできます。

ロシアメディアは、襲撃犯は「非常に入念に殺害計画を練っていたため、襲撃の瞬間はどの防犯カメラにも映っていない」と報道。公園内のスポーツ施設付近で待ち伏せしていたとも報じました。

本事件は、後日ウクライナ情報機関の犯行だとされる報道[6]もありますが、ロシア側が容疑者とするウクライナ人の素性は明らかになっていません。SNSに基づく細部情報をパルチザンが提供していた可能性も高いと思います。いずれにしても個人、特に戦争に従事している軍人が自分の行動を細かくSNSなどで多くの人に公開することの危険性を示しています。SNSを使った新しい戦いの一つです。

ウクライナのサボタージュ活動

モスクワ近郊の軍事施設で火災・爆発事故

2022年4月以降、ロシア各地で発生した大規模な火災・爆発事故は、ロシアのウクライナ侵攻と直接、間接的に関連があるという見方が出ています。

5月4日の英国の『デイリー・エクスプレス』によると、ロシアによるウクライナ侵攻以降、5月2日までに、少なくとも15件の大型火災・爆発事故が報告されています。事故が発生した地域は、当初はウクライナに近いロシア南部に集中していましたが、4月からは、首都モスクワ近郊の軍事関連施設で、原因不明の大規模火災・爆発事故が次々と発生し始めました。

さらに同紙は「5月に入ってからは、火災・爆発の規模が一層大きくなった」と分析しています。

米シンクタンク外交政策研究所（FPRI）の軍事専門家ロブ・リーは、英国の『ガーディアン』のインタビューで「ロシア本土で発生した一連の火災・爆発事故は、ウクライナのサボタージュ（意図的破壊行為）の可能性がある」と分析しています。

5月2日、ロシア中部のペルミ地域の爆弾製造工場で発生した火災により、労働者2人が死亡しました。また翌3日には、モスクワの「親クレムリン（ロシア大統領府）」系の出版社の倉庫で大型火災が発生しました。この日の火災により3万3800平方キロメートル規模の倉庫全体が炎に包まれ、建物の一部が崩壊するなど、大規模被害が発生し、注目されました。タス通信によれば「正確な火災原因は究明されていない」とされています。

「破壊工作の背後にはキーウがいる」

2014年以降、ロシア海軍の支配下に置かれ、高度に要塞化されたクリミアでは、従来このような破壊活動は見られませんでしたが、2022年7月、クリミアのセバストポリ港にあるロシアの黒海艦隊の司令部で、無人機によって運搬された小型爆発装置が爆発し、6人が負傷しました。この攻撃についてロシアはウクライナ軍によるものとして非難しましたが、ウクライナ当局者はこの攻撃を強く否定しています。

8月になると破壊活動はさらにエスカレートします。

8月9日、クリミア半島のロシア軍の航空基地で爆発が起きました。タス通信によると、ロシア国防省は「複数の航空弾薬庫で爆発があった」と明らかにし、ウクライナ軍による攻撃かどうかは不明であるが、ロシア国防省は「攻撃の結果ではない」として事故の可能性を強調しています。

このように大規模な破壊活動になってくるとパルチザンによる活動というよりも、ウクライナ軍の関与や軍の特殊部隊による工作活動のように思えますが、実態は明らかになっていません。

ウクライナのポドリャク大統領府顧問は同日、SNSに「キーウは関与していない」としつつも、「これは始まりだ」と投稿しています。ゼレンスキー大統領も同日夜のビデオ演説で、爆発には触れないものの、「ロシアとの戦争はロシアによるクリミアの占領で始まった。クリミアで終わらせねばならない」と述べています。

西側諸国では、この爆発は、ウクライナ側による破壊工作の可能性を指摘しています。英国防省は8月12日、クリミア半島のロシア軍航空基地で起きた爆発によって、ロシア軍のスホーイ24戦闘爆撃機など少なくとも8機が破壊されるか深刻な被害を受けたと分析し、黒海艦隊の航空部隊の能力が現在著しく低下したとの見方を示しています。

『ニューヨーク・タイムズ』は、ウクライナ軍高官の証言として、同軍の指揮下で活動しているパルチザンが爆発に関与したと報じました。その高官は、パルチザンは爆破にウクライナ製の装置を使ったとも述べています。ウクライナ軍はロシア軍に占領された地域の住民向けに、活動の手法などを紹介しており、抵抗運動を広げています。

そのようななか、8月16日には、今度はクリミア半島ジャンコイにあるロシア軍弾薬庫で爆発が起きました。その被害は弾薬庫だけでなく、周辺の電力施設や鉄道、民間住宅などに及んでいる模様です。ロシアの連邦捜査当局は16日に、爆発について捜査を開始したと明らかにしました。

また、クリミア選出のロシアのミハイル・シェレメト下院議員は同日、ロシア通信に「破壊工作の背後にはキーウがいる」と述べ、爆発がウクライナ軍によるものとの見方を示しました。『ニューヨーク・タイムズ』は同日、この爆発について、同国政府高官の話として「ウクライナ軍の精鋭部隊が攻撃に関与した」と伝えています。

ロシアのパルチザン狩り

ウクライナのパルチザンに対し、ロシア側も手をこまねいているばかりではありません。何しろ、ロシアでは第2次世界大戦中、ナチスドイツに対抗するためパルチザンは盛んでした。当然、パルチザンのやり方について熟知し、その裏返しである対抗手段についてもノウハウがあったと考えられます。

実際FSBや軍、国家警備隊などは、自らまたは地元の警察などを使って次のような対抗策をとっていました。

ロシア・ウクライナ戦争の初期段階では、ロシア軍はウクライナ東部で戦ったヘルソン市の地元住民のリストを入手し、「ザキストカ[7]（掃討作戦）」と同様の手口で警察とともに反ロシア的な住民を標的にして襲撃しました。これらの襲撃でヘルソン市の200人以上が行方不明になりました。そのためウクライナのパルチザンは地下深く潜り、組織再編を余儀なくされました。

2023年6月のウクライナの反攻作戦以降、ロシアのパルチザン狩りも活発化しています。早朝に大勢の警察や親衛隊が小さな町を包囲し、パルチザン狩りが行なわれるといいます。こうしてロシア刑務所に送られたパルチザンは１５００人と推定[8]されています。

（１）１９０３年、ロシアの社会民主労働党の分裂に際して、レーニンの率いた多数派。職業革命家による少数精鋭主義と中央集権的な党組織を主張して、マルトフの率いる大衆政党を目指すメンシェビキ（少数派）と対立。１９０７年の十月革命で政権を獲得し、翌年ロシア共産党と改称。
（２）陸戦の法規慣例に関する規則（ハーグ条約１８９９、１９０７年）では、責任ある指導者を持ち、遠方から認識できる固有の徽章を有し、公然と武器を携行している限り、国際法によって保護されることになっている。
（３）Jean-François Ratelle. Ukraine's Insurgency, Purposefully Limited in Aims and Size, Pokes Holes in Russian Occupation.2022_11_03. https://www.russiamatters.org/analysis/ukraines-insurgency-purposefully-limited-aims-and-size-pokes-holes-russian-occupation
（４）カリブルは、速度マッハ０・８、射程最大２０００キロメートル、４００キログラム超の弾頭を搭載可能と考えられている。巡航ミサイルは敵の軍艦や指令センターといった、厳重に守られた重要な軍事拠点や設備などを破壊するために設計されており、撃ち落とすには高度な防空システムが必要とされる。
（５）ＣＮＮ（２０２３年3月12日）https://www.cnn.co.jp/world/35206420.html
（６）ワシントンポスト（２０２３年10月23日）
（７）「掃討作戦」などとも訳されるが、民家を1軒1軒襲って住民を殺害していくやり方。
（８）中央日報（２０２２年11月19日）

第7章　ロシアとウクライナのガス紛争

ノルドストリーム爆破の経緯

パイプラインの損傷は計3か所

ノルドストリームは、ロシアからドイツまでバルト海の下を走る天然ガスパイプライン網の包括的な名称です（Nord Stream：「北（の）流れ」を表すドイツ語と英語の混合表現）。

ノルドストリームはノルドストリーム１（ＮＳ１）とノルドストリーム２（ＮＳ２）からなります（次頁図参照）。さらに両ストリームは、それぞれＡ、Ｂの２本のパイプラインで構成されています。

つまり、ノルドストストリームは、ノルドストリーム１Ａ（ＮＳ１Ａ）とノルドストリーム１Ｂ（ＮＳ１Ｂ）およびノルドストリーム２Ａ（ＮＳ２Ａ）とノルドストリーム２Ｂ（ＮＳ２Ｂ）の合

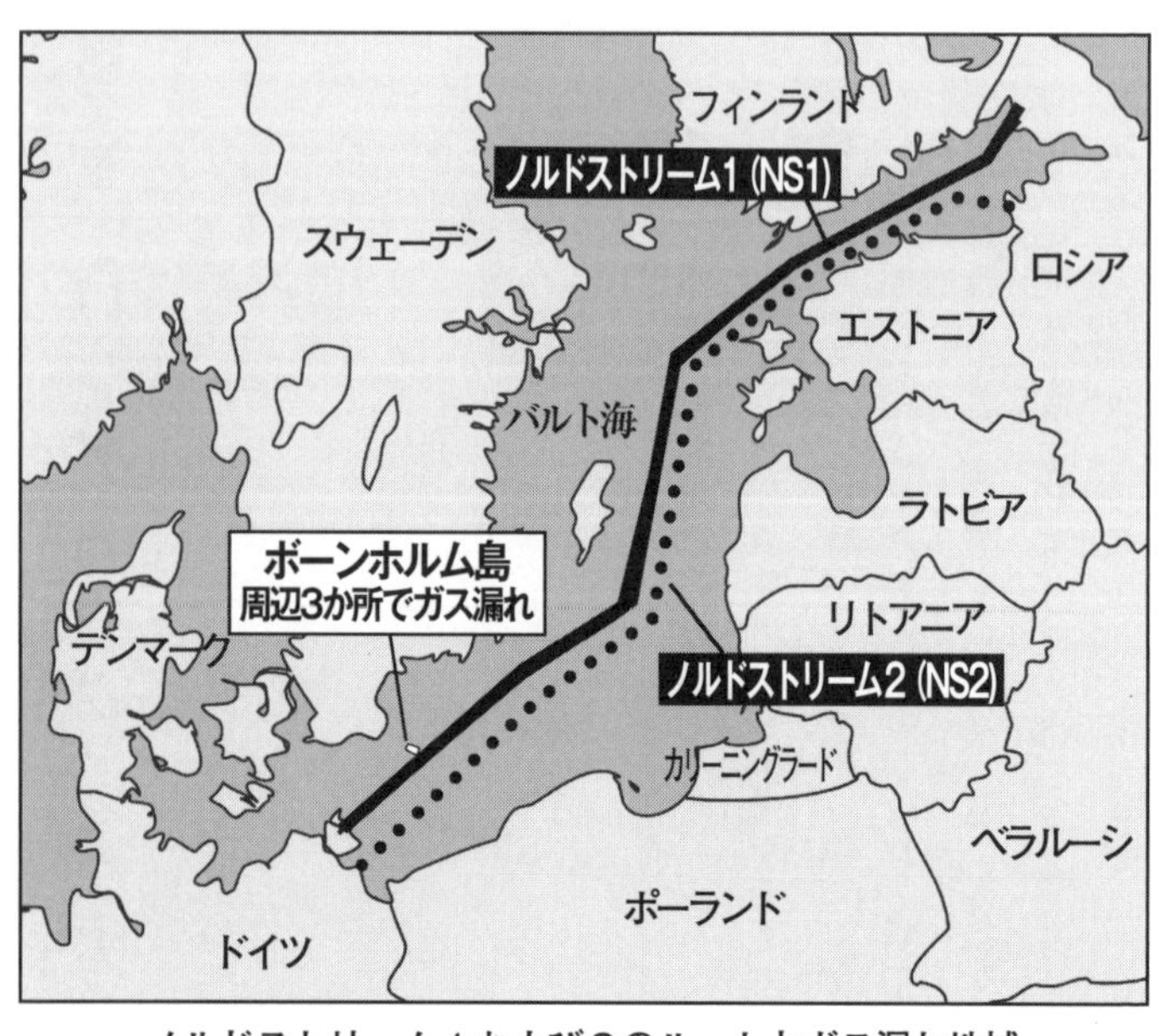

ノルドストリーム１および２のルートとガス漏れ地域
（各種資料を基に筆者作成）

計４つのパイプラインで構成されています。

どのパイプラインもロシアから出発し、ドイツのルブミンに到着します。ＮＳ１はロシアの国営企業ガスプロムを大株主（51パーセント）とするノルドストリームＡＧが所有・運営し、ＮＳ２は、ガスプロムの百パーセント子会社であるノルドストリーム２ＡＧが所有・運営しています（以下、ノルドストリームの運営会社をガスプロムと表記）。

したがって、ノルドストリームのすべてのパイプラインは、実質的にロシア政府にコントロールされているといっても過言ではありません。

ＮＳ１は２０１１年11月に開通しまし

た。そして、NS2はNS1に並走して設置され、2021年秋に完工しました。

ロシアがウクライナ侵攻した年の8月31日から3日間の予定で、ガスプロムは送ガス用タービンの定期的な保守・修理を理由として、NS1のガス供給を停止しました。ところが、9月3日になって再開延期を発表し、供給は全面的に停止してしまいました。

ヨーロッパ各国では、ガスプロムがさまざまな口実を作ってガス供給の回復を拒み、ウクライナ侵攻で厳しい対ロ制裁を科しているヨーロッパに揺さぶりをかけているとの見方が広がっていました。また、NS2は工事を終えたものの、米欧の反対でまだ稼働していない状況でした。供給停止後のNS1には一部にガスが残っていた状態だと考えられます。

スウェーデンの地震観測所は、2022年9月26日午前2時3分、デンマークのボーンホルム島の南東付近の海域で、次いで午後7時4分に同島北東付近の海域で2回目の衝撃を検知したと公表しました。そして、これが地震ではなく爆発であることは間違いないとコメントしています。

翌27日、ガスプロムは、パイプラインに前例のない損傷が生じ、復旧の見通しが立たないと明らかにしました。

デンマーク軍はガス漏れが原因とみられる巨大な泡が海面に発生している映像を公開しました。

NS1と2の計4本のパイプライン中、3本に損傷があり、その場所はデンマークとスウェーデンの排他的経済水域内にあります。そのため、デンマーク、スウェーデン、そしてパイプラインの終着

2022年9月27日、デンマーク空軍のF-16戦闘機から撮影されたボーンホルム島付近の「ノルドストリーム」のガス漏れの現場。

点であるドイツが別々に調査を開始しました。

また、ヨーロッパのメディアによると、デンマーク当局は、ガス漏れ地点から5海里の艦船の航行を禁止しました。同国のエネルギー当局トップは「爆発の可能性が高まっている」と述べました。

EUのボレル外交安全保障上級代表が「すべての入手可能な情報が意図的な行為の結果だと示唆している」と述べるなど、ガス漏れが破壊工作によるものとの見方が強まっています。EUの執行機関である欧州委員会は「ガス漏れの報告があった。関係国と状況を注視していく」とコメントしました。

9月28日、スウェーデン治安当局は事件捜査に乗り出し、スウェーデン政府は声明で刑事事件としての捜査を警察から引き継いだとしたうえで「背後に外国勢力が存在する可能性も否定できない」と述べました。

翌29日、デンマークとスウェーデンは、国連安保理への書簡の中で「数百キロの爆発物」がパイプライン[1]を損傷するために使われたと考えている[2]と述べています。

このように、ガス漏れ直後は事故ではなく爆破された可能性が高いとされましたが、誰が破壊したかなどについては明らかになっていません。

男女6人による計画的犯行？

その後の調査結果に関する報道などは次のとおりです。

2022年11月　スウェーデンの検察当局が爆破による破壊工作の痕跡を確認したと公表。

2023年1月　ドイツ連邦検察庁がパイプラインの破損に関与したとされる船を捜索。爆破に関与した疑いがあるのは男女6人で、ドイツ北部の港町ロストクから2022年9月上旬に出港[3]。

船内のテーブルからは爆薬の痕跡が見つかり、実行犯の解明に少しずつ手がかりが出てきています。実行犯は男女6人で船長や潜水士などで構成され、うち女性1人は医師でした。偽造したパスポートを使うなど、状況証拠からは計画的な犯行だった可能性が高まっています。

爆破に使われたとみられる船は、ポーランドに本拠を置くウクライナ人所有の会社が借り、船を貸していたのはドイツ企業で、捜査の時点で従業員が関与した疑いはないといいます。船は損傷現場に近いボーンホルム島の北東にある小島に停泊していました。

2月8日　米国のベテランのジャーナリストのシーモア・ハーシュ(4)が、匿名の消息筋の話として、ノルドストリームは米国の工作により爆破されたと発表。

3月『ニューヨーク・タイムズ』が米情報当局者の見方として親ウクライナ勢力による破壊の可能性があると報道。これに対してウクライナのレズニコフ国防相は「我々とは関係ない」と政府の関与を否定。

誰がノルドストリームを破壊したか？

ロシアによる工作活動説——破壊する動機がない

2023年3月までには、米国とNATOはこの事件を「サボタージュ行為」と規定、スウェーデンとデンマークの調査官もパイプラインの破壊は「サボタージュの結果」だと結論づけましたが、誰の責任なのかは明らかにできませんでした。

西側ではロシアの自作自演で、いわゆる「偽旗作戦」の可能性、ロシア側では西側による工作活動や国際テロだという主張も出てきました。

パイプラインの破壊直後は、ロシアの関与説が多く出ました。2022年9月27日、ポーランドのモラウィエツキ首相は「（ロシアによる）破壊工作に直面している」として、ロシアの関与が疑われるという見解を示しました。

また、ウクライナのボドリャク大統領府長官顧問も、これは「ロシアが計画したテロ攻撃でEUに対する侵略攻撃だ」とロシアを非難しました。

事象発生当初の時点では、パイプラインの破壊は人為的で、その背後にはロシアがいるというのが、ヨーロッパ諸国の一般的見方でした。しかし、具体的には何の証拠も示されませんでした。米当局者も攻撃にロシア政府が関与した証拠は見つかっていないと述べています。

一方、ロシアのペスコフ大統領報道官は、9月27日、調査結果はまだ出ていないものの「何らかのパイプラインの破壊があったのは明らかだ」と指摘し、何者かによる破壊工作があった可能性を排除しないと述べました。

9月28日、インタファクス通信（ロシアの非政府系通信社）は、ロシアFSB（連邦保安庁）は「国際テロ」の疑いで捜査を始めたと報じました。ロシアはこの破壊を国際テロの仕業と見ていたようですが、こちらも証拠は明確に示していません。

ロシアにとってパイプラインは重要な収入源であり、ヨーロッパに影響力を及ぼす重要な手段であったことを考えると、ロシア政府がパイプラインを破壊する動機が不明です。ある見積りでは、パイプラインの修理費用は最低でも総額約5億ドルとされています。

米国による工作活動説——情報源が匿名で疑わしい

欧米とロシアの応酬が続くなか、前述のように2023年2月8日、外交・安全保障分野の調査報道で著名なジャーナリスト、シーモア・ハーシュは、ノルドストリームが爆破されたのは米国の工作によるものだとその経緯などを詳しく自身のブログに書きました[5]。

ハーシュは「この工作計画を直接知っている消息筋によると、2022年6月、米海軍の潜水士たちがNATOの合同訓練の最中に、遠隔操作の爆弾を設置し、3か月後にNS1・2の4本のパイプラインのうち3本を爆破した」としています。

ハーシュが述べる計画の経緯は次のとおりです。

2021年12月、ジェイク・サリバン米大統領補佐官（国家安全保障担当）が、ノルドストリームを破壊したいという大統領の意向を踏まえ、統合参謀本部や中央情報局（CIA）などの関係者を招集して会議を開催。当時高まっていたロシアのウクライナ侵攻の可能性に関する対策を協議し、この工作の実行が決まった。その後、CIAが具体的工作計画を作成した。

2022年初め、CIA中心の工作チームは「パイプラインを吹き飛ばす方法がある」と報告しました。それらを受けて2月7日、バイデン大統領が「もしロシアがウクライナに侵攻すれば、NS2はもう存在しなくなるだろう」とし、「我々はそれを終わらせる」と述べたとされます。

2月24日のロシアによるウクライナに侵攻に対し、ノルウェー海軍の支援を受けた工作チームは、水深が浅く工作が容易なバルト海にあるデンマークのボーンホルム島付近を通過するパイプラインに狙いを定めたとされます。

6月、NATOの合同海軍訓練である『バルチック作戦22』(BALTOPS22：バルトップス22)が行なわれました。その訓練を隠れ蓑として、潜水士たちが48時間タイマーが装着されたC4爆弾をパイプラインに設置。しかし、土壇場でホワイトハウスから爆破延期指令が出されたため、いったん作戦を中止しました。

そして3か月後の9月28日、ノルウェーのP8哨戒機が水中音波探知機のブイを工作地点に投下して爆弾を作動させ、その1時間後に爆破が起きました。

ハーシュは、以前から米政府関係者たちはノルドストリームを、ヨーロッパのロシアへの依存度を高めるだけで、米国の影響力を低下させるプロジェクトとみなしていました。そして、ロシア・ウクライナ戦争が勃発したことを受け、破壊工作を敢行したのだと主張しています。

このハーシュの発言はかなり具体的ですが、これに対して米国政府はそれには「関与していない」と、すぐさま否定しました。また、EUの偽情報監視プロジェクト(EUvsDisinfo)は、ハーシュの発言は情報源が匿名で疑わしく推測が多いため、偽情報だと評価しています。[6]

可能性の高い「親ウクライナグループ」による工作活動説

2023年3月7日、『ニューヨーク・タイムズ』は「米国当局が精査した新しい情報は、親ウクライナのグループが2022年にノルドストリームパイプラインへの攻撃を実行したことを示唆している」と報じました[7]。

情報を精査した当局者は、工作員はウクライナ人かロシア人、あるいはその両方の国民である可能性が最も高いと考えていると述べました。ウクライナとその同盟国は、パイプラインを攻撃する最も論理的な潜在的動機があると見られています。

なぜなら、ウクライナ人は何年にもわたってこのノルドストリームのプロジェクトに反対しています。このプロジェクトが順調に推進されれば、ロシアがヨーロッパに対してガスをより簡単に販売できる一方で、ウクライナにとって国家安全保障上の脅威になるとしているからです。

さらに爆発物は、軍や諜報機関で働いているとは思われない経験豊富なダイバーの助けを借りて仕掛けられた可能性が最も高いと米当局者は述べました。ただし、そのダイバーが過去に政府の特別な訓練を受けた可能性は否定できないとしています。

米当局者は、ウクライナのゼレンスキー大統領、または彼の幹部がこの作戦に関与したという証拠はなく、また作戦実行者がウクライナ政府当局者の指示に従って行動したという証拠もないと述べています。

さらにウクライナ政府と軍の情報当局者も、今回の攻撃には関与しておらず、誰が実行したかはわかっていないと述べています。ウクライナのボドリャク大統領府長官顧問はツイッターに、ウクライナは「バルト海の事故とは何の関係もない」と投稿しました。

新たに入手した情報とされるものを調べてみると、彼らはロシアのプーチン大統領に反対していたことが示唆されているものの、グループのメンバーや、作戦を指揮したり資金を提供したりした人物などは特定されていません。また、米当局者は、新たな情報の性質や入手方法、含まれる証拠の確度などの詳細を明らかにすることは拒否しています。

以上のように、ノルドストリームの破壊の実行犯についての有力な情報は、２０２３年になって少しずつ開示されてきましたが、どれも情報源が曖昧であり決定的な証拠に欠けています。ドイツ、デンマーク、スウェーデンなども調査は行なっていますが、犯人に関する情報はセンシティブであるだけに明確な証拠が明らかになるまで公表はしないと思われます。

したがって、どこが黒幕となりノルドストリームを爆破しようとしたかについてインテリジェンス的に結論を出そうとすれば、オシント（Osinto）による分析しかありません。このオシント分析については、分析手法の具体例として第12章で詳述します。

（1）パイプラインは、水中の圧力に耐えることができるように、コンクリートでコーティングされた鋼で作られている（ニューヨーク・タイムズ　2022年9月28日）。
（2）ニューヨーク・タイムズ（2022年10月25日）
（3）日本経済新聞（2023年3月9日）
（4）元ニューヨーク・タイムズ記者のハーシュ氏は、ベトナム戦争当時、米軍によるソンミ村（ミライ集落）虐殺などを報道し、ピューリッツァー賞を受賞したジャーナリスト。ブログ公表時85歳。
（5）ニュースレタープラットフォーム「Substack」への投稿記事。「米国はいかにしてノルドストリーム・パイプラインを破壊したのか?」（2023年2月8日）https://seymourhersh.substack.com/p/how-america-took-out-the-nord-stream
「ノルドストリーム爆破に米国関与　米ジャーナリストが暴露」ハンギョレ（2023年2月10日）
「ロシア、ノルドストリーム爆破の真相解明要求」ロイター（2023年2月10日）
（6）https://euvsdisinfo.eu/report/hershs-assertion-about-the-us-involvement-in-the-nord-stream-explosion-is-correct
（7）"Intelligence Suggests Pro-Ukrainian Group Sabotaged Pipelines, U.S. Officials Say" ニューヨーク・タイムズ（2023年3月7日）https://www.nytimes.com/2023/03/07/us/politics/nord-stream-pipeline-sabotage-ukraine.html

第8章　テクノロジーが変える従来型の戦争

マッチングアプリによる戦い

ウクライナが開発した「大砲のウーバー」

2014年、アメリカのウーバーテクノロジーによってオンラインで料理を注文し、指定した場所に配達してもらえるサービスが始まりました。日本でも2016年にサービスが開始され、コロナ禍の影響もあって、ウーバーイーツサービスは急速に発展しました。

ウーバーとは、もともとウーバーイーツを運営している企業のウーバーテクノロジーが、2009年に始めた配車サービスです。今や世界の70か国以上で事業展開されています。これは、一般のドライバーが空いた時間を使って自家用車をタクシー代わりにし、それを利用したい客とマッチングさせるシステムです（日本では、2024年4月から「ライドシェア」が条件付きで利用できるようになります）。

このウーバーのサービスを成り立たせているのと同様のシステムが、ロシア・ウクライナ戦争で使われていると、英国の『タイムズ』は報道しています。

戦争で使われているそのシステムは、通称「大砲のウーバー（Artillery Uber）」や「戦場のウーバー」といわれています。各種情報収集手段で得られた目標情報は、大砲のウーバーシステムに組み込まれます。

実際のウーバーシステムでは、乗車希望の客に対し、市街を走る車両から最も適した車両を機械的に判断し割り当てます。

大砲のウーバーシステムも同様に各攻撃目標に対し最も効果的な兵器を割り当てるのです。いわば要求に応じて車や料理の代わりに大砲の弾を届けるというものです。

この大砲のウーバーシステムでは、各種情報源から得られたリアルタイムデータをシステムに入力し、敵の位置をピンポイントで標定します。さらに標定したデータを射撃計算ソフトで処理して、その地域に配置されている火砲、ミサイル、ドローンなどから、どの兵器で攻撃するのが最適かを瞬時に提供します。

指揮官は、戦場からのライブデータを表示する電子地図にアクセスし、射撃指揮ができます。指揮

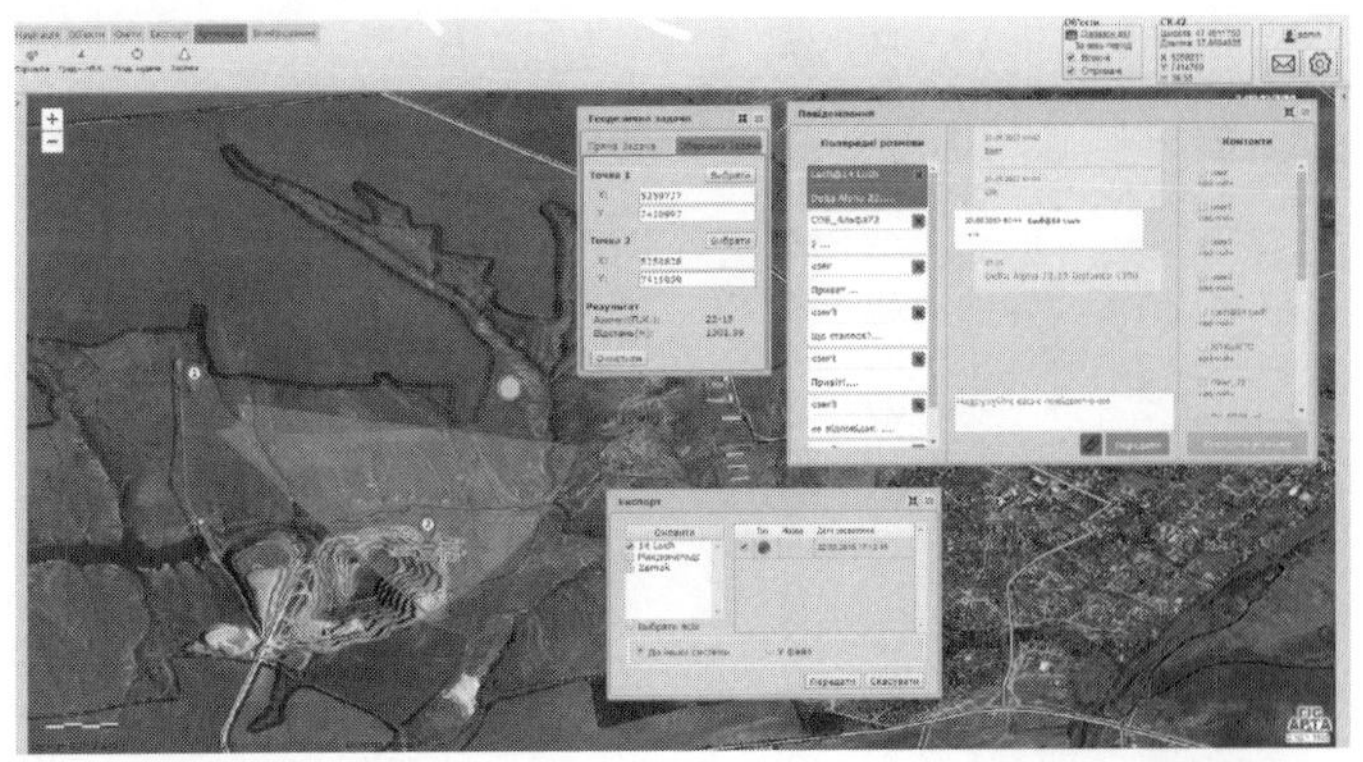
射撃指揮統制システム「ジーアイエス・アルタ（GIS Arta）」の画面
（出典：同社HP）

所で本部の要員がシステムから提供されたターゲットと攻撃手段を確認すると、どの部隊に攻撃させるかを選択し、指揮官の命令により直ちにターゲットの座標が兵器の位置に送られ攻撃が行なわれます。

ロシアがクリミアを併合した2014年頃からウクライナ軍で使われ始め、すでに砲兵部隊では広く普及しているようです。

これは、米国などが提供したものではなく、ウクライナのプログラマーが、英国のデジタル地図会社と共同で開発した状況認識システムで、正式には「ジーアイエス・アルタ（GIS Arta）」と呼ばれています。このシステムにより、火砲の射撃の照準にかかる時間を従来の20分から1～2分へと短縮したとされます。

たとえば2023年5月11日、ウクライナ東部のシバースキー・ドネツ川を渡河しようとしたロシア軍の戦車や浮橋の攻撃に使用され、2日間の砲撃と空爆で80両以上の車両を破壊し、ロシア軍に大きな損害を与えたことが話題となりました。

米英情報機関がウクライナをサポート

ウクライナはどのようにしてこのような目標情報を収集しているのでしょうか。2014年にロシアがクリミアを併合して以来、米国を中心とした西側諸国は、ウクライナ軍を欧米モデルの近代的な軍隊に変えるため、兵士の教育、訓練にあたってきました。そして、その訓練は戦術や兵器の運用にとどまらず、情報戦もカバーしていました。

米英は情報機関のスタッフをウクライナに派遣し、ウクライナ情報当局と協力関係を構築してきました。そして、2022年2月のロシアのウクライナ侵攻後、米英のスタッフは、ウクライナ軍の参謀本部や情報局で西側諸国との連絡官として活動しているようです。具体的には、西側情報の提供、ロシア軍の通信の妨害・傍受、心理戦としての情報発信、ゼレンスキー大統領らの安全確保などについてのサポートを行なっているとされます。

そして、サポートのために必要な情報は、NATO軍や米軍の偵察機、AWACS（早期警戒管制機）がウクライナとの国境に近いポーランド上空や黒海上空の国際空域において常時飛行し、収集しています。また、黒海の国際水域においてもNATO軍の情報収集艦が展開し、常にロシア海軍の動向を探っています。

このようにして得られた情報がウクライナ国内にいる米英の連絡官にリアルタイムで送られ、連絡官は、これらの情報をウクライナ側に提供しているとされます。ただし、提供される情報は取捨選択されているようです[1]。

たとえば『ニューヨーク・タイムズ』によれば、2022年5月1日、ウクライナ政府高官らの話として、ロシア軍のゲラシモフ参謀総長が先週、ウクライナ東部のイジュームを訪れ、戦線の視察や作戦の指導をしたとされ、米当局者もロシア軍の制服組トップが先週、前線のウクライナ東部を訪れていたことを確認したと明らかにしました。

イジュームは、東部での攻勢を強めるロシア軍が拠点としている街です。ウクライナ軍がロシア支配都市イジュームの第12学校にあるゲラシモフ将軍が訪問した陣地への攻撃を開始した時、ゲラシモフ将軍はすでにロシアへ向けて出発していた。それでも、少なくとも1人の将軍を含む約200人の兵士が死亡したとのことです[2]。

おそらく米軍はゲラシモフの前線訪問を事前に察知していた可能性が高いと思われますが、結果から見て、その情報がタイムリーにウクライナに提供されることはなかったということです。仮に、早い段階で提供してウクライナ軍が参謀総長を殺害しようとした場合、ロシアの報復攻撃が激化することや核の使用の懸念が考えられたからだと思われます。

このように選択的ではあるものの、NATO軍などから得た情報とウクライナ軍自らドローンや偵察部隊を運用して得た細部の情報をもとに目標情報を得ているようです。

少なくとも戦争初期の2022年5月の時点で、ウクライナ軍は偵察用のドローンを6000機以上運用しているとされます。その後も西側の支援によりその数は維持または増加しているはずです。ドローンは、衛星システムともリンクしていて画像や映像をアップロードできるとされています。

マッチングアプリで素早く火力を集中

米軍は、この「ジーアイエス・アルタ（GIS Arta）」のようなシステムを使っていないのでしょうか。

米軍には十分な時間と予算をかけて作り上げられた射撃指揮統制システムがあります。米軍や自衛隊では一般的に陸海空のどの火力をいつどこに指向するか、どの程度の射撃効果を得られるかなどを総合的に調整する火力調整所を設けて、火力の配分を短期から長期にわたって計画し、計画的、また臨機に目標に対し攻撃するシステムがあります。したがって、ウクライナのようないわば素人的なアプリは必要ありません。

ところが不思議なことに米軍において射撃の命令から射撃発射までに要する時間は、第2次世界大戦以降、だんだん遅くなっているというのです。

米国防契約管理局のテレンコ氏はツイートを通じ、「ジーアイエス・アルタ」アプリとスターリンク衛星通信の組み合わせが、「米軍の一般的な砲術指揮統制と比較して相当に優れたものをウクライナ軍にもたらした」との見解を示しています。

同氏は「米軍は指令から発射まで、第2次世界大戦では5分、ベトナム戦争では15分、現在では1時間を要している」「いや、書き間違いではない」と述べています。[3]

その理由は、米軍では友軍への誤射防止などのため上層部への確認手続きに時間を要するようになったからだとしています。確かに米軍のように広域に統合的火力を発揮し、そのうえで友軍や民間人へのリスクをなくすための綿密な調整などを行なっているとなると時間がかかると思います。

逆にいえば、統合的な火力を使わない、住民を巻き込む恐れがないなど、統合火力の発揮、安全性などをあまり考慮しなくてよければ、マッチングアプリでとにかく速く効果的に火力を発揮できるわけです。

マッチングアプリと侮ってはいけません。いざとなれば何でも柔軟に活用する態勢だからこそ、そのような運用ができるのでしょう。巨大で硬直化した組織にはなかなかできない発想です。

ウクライナの携帯電話傍受による攻撃④

開戦以来、最多のロシア戦死者

２０２３年1月1日、ウクライナ東部ドネツク州マキイウカで、ロシア軍の臨時兵舎がウクライナ軍によるロケット弾で攻撃されました。

２日の時点で、ロシア国防省は死者63人と発表していましたが、４日には、１日午前０時１分、ハイマースのロケット弾６発が、徴集兵の臨時兵舎にしていた職業訓練校の建物に撃ち込まれ、うち４発が命中し、死者は89人に上ったと情報を更新しました。

ロシア政府がこのような多くの死者が出たことを認めるのは、きわめて異例です。２０２２年２月に戦争が始まって以来、個別の攻撃で犠牲になったとロシアが認める戦死者の人数としては、最多となっています。

職業訓練校には攻撃当時、徴集兵が大勢いました。彼らは、同年９月の部分的動員令で集められた30万人の一部とみられます。敷地内に保管されていた大量の弾薬が誘爆し兵舎は全壊したとされます。

ロシア国防省は、詳しい被害状況と原因は調査中だが、兵士に携帯電話の使用を禁止していたにもかかわらず、ウクライナの武器の射程圏内にある部隊で大勢が携帯電話を使ったことが、攻撃に遭った主な理由だと説明しています。

ロシア国防省のテレグラムによるコメント

ロシア軍の主要軍事政治総局の第一副長官、セルゲイ・セヴリュコフ中将は、テレグラムにおいて次のようなコメントを発しています（ロシア語の自動翻訳による）。

- （2023年）1月1日、0時1分（モスクワ時間）、マキイウカ入植地近くのロシア軍部隊の一時配置場所に対し、ウクライナ軍の砲兵部隊がハイマースロケットシステムで6発のロケット弾を発射した。
- うち2発のロケット弾はロシア軍の防空部隊によって迎撃された。
- 爆発性の高い弾頭を搭載した4発のロケット弾が、ロシアの軍人が駐留していた建物に命中し、ロケット弾の爆発により、建物の天井が崩壊した。
- 悲劇の直後、被害を受けた部隊の指揮官と下級将校、ほかの部隊の将校と兵士は、犠牲者を救うために利用可能なあらゆる手段を講じた。応急処置が施され、負傷者は医療施設に避難した。
- 残念ながら、鉄筋コンクリートの瓦礫の捜索中、死亡した同志の数は89人に増加した。死亡者の中に連隊の副指揮官であるバチュリン中佐も含まれていた。
●すべての犠牲者と死亡した軍人の家族には、今後必要なすべての支援とサポートが提供される。
●ウクライナ軍がマキイウカに向けて発砲した多連装ロケットシステム（ハイマース）のランチャーは、連邦軍の反撃によってすべて破壊された[5]。
●また、ドネツク人民共和国のドルシコフカ鉄道駅の地域にある集積された装備品に対するミサイル攻撃と航空攻撃により、さらに4台のハイマース、4台のRM-70ヴァンパイアMLRS（多連装ロケットシステム）、800発以上のロケット弾、8両の車両、そして200人以上のウクライナの民族主義者と外国人傭兵に損害を与えた。
●マスロフカの地域では、「外国人部隊」の一時的な集合点を攻撃し、130人以上の外国人傭兵に損害を与えた。
●現在、委員会が事件の状況を調査するために取り組んでいる。しかし、起こったことの主な理由が、軍の規則に反して、敵の火器の射程内での携帯電話の保有と大規模な使用であることはすでに明らかである。このことで、敵はミサイル攻撃を開始するための座標を標定し攻撃することができた。
●現在、同様の悲惨な事件を防ぐために必要な措置がとられている。捜査の結果、有罪の人物は裁判にかけられるであろう。

ウクライナ側の発表

ウクライナ軍は当初、兵舎攻撃でロシア兵400人が死亡したほか、300人が負傷したと発表しました。その後、この攻撃で「敵軍の装備を最大10ユニット」「破壊もしくは損傷」させたと説明。「占領者の人員喪失について、規模を特定中」だと述べました。さらに、ウクライナ南部のヘルソンとザポリージャ地域にも攻撃を行なったとし、マキイウカとあわせて3回の攻撃で合計約1200人の死傷者が出たと主張しました。

被害の状況の評価、ロシア国内での批判

自軍の損耗は最小限に、敵軍の損耗は過大に評価し発表するのは、戦場における常ですから、両軍の損害の程度を客観的に評価するのは至難の業です。また、ロシア軍の反撃によるウクライナ軍の損害についてのウクライナ側の言及、ロシア軍のマキイウカ以外の損害についてのロシア側の言及はありません。

したがって、マキイウカにおける実際の被害の規模については、双方の主張とも第三者による検証もできないのが現状です。英国防省は4日の戦況分析[6]で、兵舎となった建物は前線から12・5キロメートルしか離れていないことを指摘。「被害の規模からして、部隊の宿舎近くに砲弾が保管されており、これがミサイル攻撃で起爆し、二次爆発につながった可能性は現実的なものとしてある」として

います。

さらに「ロシア軍は現在の戦争のはるか前から、砲弾の保管方法が安全ではないといわれていたが、今回の件は、いかにプロらしくない習慣がロシア軍の高い死亡率に寄与しているかを浮き彫りにした」としています。

破壊されたマキイウカの報道写真などを見ると、英国防省が分析するように、かなり大規模な被害があったことは予想できます。また、今回公表されたロシア軍人の被害の大きさから、ロシアのコメンテーターや政治家の間からも、多数の兵士を1か所に宿営させていた指揮官らの処罰を求める声も上がっています。

2014年からウクライナ東部で親ロシア派武装勢力とともに戦っているパベル・グバレフは、テレグラムにこう投稿しました。「これは2022年の春から夏にかけて起こった類いの間違いだ。戦争が始まってすでに11か月。小集団に分かれて布陣することが重要だ。これは誰もが知っている。動員兵たちは知らないかもしれないが、軍上層部は知っているはずだ!」

ロシア国防省が、今回異例ともいえる大規模な損害を公表したのは、このような批判の矛先を軍上層部から末端の（特に最近徴兵された新人の）兵士たちの規則違反にすり替えようとしたのだとも考えられます。

携帯電話の発信から場所を特定する方法

相手が出す無線機などの電波の発信源を標定することは、軍隊では従来から行なっていました。しかし、２０１４年のウクライナ東部の戦いにおいて、親ロシア派の分離主義者たちは、反ロシア勢力やウクライナ軍が使用する無線だけではなく携帯電話のデータを活用して、彼らを標的にする手法を考え、効果を上げてきました。ウクライナの兵士たちは、多くの場合、同じ地域で複数の携帯電話で通話をしているとそこに砲弾が飛んできて、自分たちが標的になるということを体験しました。

それ以降、ロシアはもちろんウクライナも携帯電話の発信源を攻撃するための、より効果的な方法を洗練させてきました。その具体的方法は当然秘密にされています。しかし、報道によればロシア軍の場合は、まず基地局シミュレーターと呼ばれる携帯電話の基地局を模した装置をドローンや軍用トラックの内部に設置して戦場の近くで発信された通話の電波を収集します。

そして、その強度と方向を測定し、携帯電話の使用者の位置を割り出し、砲兵に通報します。現在のウクライナの戦場においては、ロシア軍は2機のドローンと指揮用のトラックで構成されている「Ｌｅｅｒ３」といわれる電子戦のためのシステムを使用していることが知られています。

このシステムでは3・7マイル（約6キロメートル）の範囲内で２０００台以上の電話機の受信が可能で、その個々の位置を把握することができるとされています。ウクライナ軍についての報道はありませんが、「大砲のウーバーシステム」の一部として似たようなやり方も行なっていると考えられます。

携帯電話の使用制限

このように携帯電話の使用が、自らの危機を招くことは両軍も当然承知しているはずです。ロシア軍では、戦場への携帯電話の持ち込みや使用は、厳しく禁止されていますし、現場の指揮官が兵士の携帯を取り上げたなどの報道もあります。

ウクライナでも使用は制限されているようです。ウクライナ軍では、特に東部ウクライナで戦う兵士に対し次のような具体的な指示を出していることが報道されています。

①自分のＳＩＭカードは自宅に置いてくること。
②ＳＩＭカードを入手するのに最適な場所は紛争地帯（筆者注：現地調達）である。
③もし電話をかける場合、分隊の陣地から少なくとも４００～５００メートル離れること。
④（電話をかける際）一人で行動しないこと。武装した同僚を連れて行き援護してもらうこと。
⑤電話をかけるのに最適な場所は、多くの民間人がいる場所、できれば最近解放された町であること。
⑥携帯電話は常にオフにしておくこと。あなたの人生はそれにかかっている。さもなければ、グラードミサイル（ソ連製１２２ミリ自走多連装ロケット砲）はあなたの分隊全体を攻撃するだろう。
⑦地域住民からＳＩＭカード（プリペイド型含む）を受け取ってはいけない。隣の村からＳＩＭカードを持ってきた若い女性は、敵のために働いている可能性がある。現在、ＦＳＢ（ロシア連邦保安庁）もＳＢＵ（ウクライナ国家保安局）も膨大な量のデータを処理して、自国民と敵の携帯電話を識

別する必要がある。彼らの仕事を簡単にしないように。

⑧仲間同士監視すること。もし友人がガールフレンドに電話をかけたら、1時間かそこらであなたたちの位置が砲撃または攻撃される。

⑨敵は、使用しているＳＩＭカードや通信事業者に関係なく、あなたの会話を聞いている可能性があることを忘れてはいけない。

なぜ前線で携帯電話の使用はなくならないのか？

両軍とも戦場における携帯電話の使用禁止や制限があるのに、なぜ前線付近での携帯電話の使用がなくならないのでしょう。これには、技術的問題、心理的問題があると思います。

技術的には、ロシア軍は前線で秘匿装置のかかった無線が通じにくい場合があり、緊急の場合、位置を暴露する危険よりも通信・連絡を優先して通じやすい携帯電話を使用せざるを得ないこと。ウクライナ軍においては、スターリンクなど衛星回線を使えばロシア軍に傍受されにくいと考えられているため、秘匿回線がつながらない場合に使用する可能性があること。特に一般市民や準兵士などは携帯電話のアプリを通じてロシア軍の情報提供に活用していることなどです。

心理的な面からいえば、両軍に共通して考えられるのは、

●敵からミサイル攻撃などを受けずに携帯電話を使用できた場合、敵が自分たちの通話を傍受してい

ないと安心してしまうこと。

●塹壕や掩蔽豪にいる時間が長いと、気を紛らわせるためについつい携帯電話を見てしまうこと。特に若い世代は生まれた時から携帯電話があるのが当たり前の環境で育っています。

●特に、ロシア軍においては、上官から携帯電話を没収されても、侵攻した地域でウクライナ人から携帯電話を奪って入手し、家族と連絡しているということも指摘されています。

通話の際に傍受された内容によると、ロシア軍の兵士は自分たちの上官を信頼していない、または上官に見捨てられたと感じ、規則を守らないなど、不平を述べている内容が多いとされています。

ちなみに、米軍でも昔から作戦地域における携帯端末の使用は問題になっていて、軍の活動などに関するＳＮＳへの投稿などは禁止されています。

しかし、２０１８年には自分のエクササイズの成果などを投稿するフィットネスアプリにより、知らず知らずのうちにイラク、シリア、アフガニスタンにおける秘密軍事基地の位置などが明らかにされていたということが大きな問題になりました[7]。

特にスマートフォンなどを持っている地元住民がほとんどいない地域や砂漠、山岳地帯などで動くと、その活動の痕跡が位置情報として流出してしまい、兵士の居場所や活動を特定されてしまうからです。

一般に公表されていないアフガニスタンの山奥の秘密基地に特殊部隊がいれば、多くの兵士がトレーニングのため走っている経路がアプリに登録されます。すると、通常はほとんど人がいないところでエクササイズしている痕跡が地図上でくっきりと表示されます。それを見れば誰でもおかしいと気づきます。

アルカイダや敵ならば、すぐにそのあたりをグーグルマップで確認し、秘密基地の存在が暴露するというわけです。ゲリラやテロリストはグーグルマップを活用して迫撃砲で攻撃したり、襲撃計画を立てたりしていることは、しばしば報告されています。

現代人の生活において携帯電話が使用できない状況など考えられません。有事における携帯電話の使用をいかに実効的に制限するか、国家レベルで真剣に考えるべき時にきていると思います。

ロシア軍の高級将校の高い戦死率

高級指揮官が前線に出る理由

ロシア軍の高級指揮官の戦死が異常に多いといわれています。ロシア軍では、高級指揮官が前線に出ざるを得ないため、そこを狙い撃ちされ戦死する指揮官が多いというのです。通信機器が今日ほど発達していなかった第2次世界大戦までは、高位の司令官クラスが最前線に身を置くのは、リアルタイムで戦況に接し、その場で即座に判断が下せるため、指揮の観点から有効でした。
高級指揮官が前線に出るもう一つの理由は、将兵の士気を鼓舞する統率上の心理的な効果がありま
す。たとえば旧日本軍の司令官は、将兵の激励のためにしばしば前線を訪れました。山本五十六連合
艦隊司令長官が戦死した事例などは、暗号解読などに関する情報戦史の例としてもよく知られていま
す。米軍のダグラス・マッカーサー大将は、前線に制服姿でさっそうと視察している写真などを報道
させ将兵の士気を高めました。
しかし通信機器が発達した現在、後方地域でも、ほぼリアルタイムで確度の高い戦況が把握できる
ようになったため、高級指揮官が最前線に赴く必要性はきわめて低下しています。
西側の報道によれば、ロシアのウクライナへの侵攻開始以降、わずか1か月でロシア軍の6人の将
官が戦死したとされました。
その後も高級指揮官の戦死者は増加しているもののそれぞれの機関によって公表された数は異なり
ます。2022年6月の報道では、ウクライナ政府は、将官12人と公表、西側諸国の情報機関によれ
ば、将官7人が死亡したとされています。一方、ロシア国内の報道では「特別軍事行動」で死亡した
将官数は4人としています(8)。
開戦直後、ロシア軍は約20人の将官を現場に送り込んだといわれているため、仮にロシアの報道の
とおりだとしてもかなり高い戦死率になります。

このように高級指揮官が前線まで出て行かざるを得なかった理由は、ウクライナ側の通信妨害により、後方においてリアルタイムの戦況把握が困難だったこと、さらに士気が低下しているといわれる前線を鼓舞する必要があったことが主な理由だと考えられます。

ロシア軍の指揮統制システムの弱点を突いたウクライナ

ロシア軍の高級指揮官の戦死が多いのは、単に前線に出ていたからだけではありません。ウクライナ側の戦術がありました。

通常NATO各国などの軍隊は、初級将校の時から、より上級職が担う部隊の指揮が執れるように平時から教育訓練を受けます。そのことにより上級の指揮官が戦死したり不在の場合でも、必要に応じて独自の責任の下、部隊を指揮して行動することができるようにしています。

しかしながら、ロシア軍の将兵は、ソ連時代から士官教育を受けた尉官級の士官にも、現場での判断権を与えない、「上からの命令に下を盲従させる」スタイルのようです。つまり、指揮系統が硬直しており、上級の指揮官からの命令がなければ動かないシステムだとされています。

そこで、NATO側は冷戦時からソ連軍（ロシア軍）を機能不全に陥らせるには、上級の指揮官を抹殺すればよいという戦術を考案していました。いわば「頭」を潰せば、残された「手足」は統制のとれない無秩序な動きになり、組織として効果的な戦闘を行なえなくなるということです。

今回の戦争では、NATOが長年培ってきた戦い方をウクライナに伝授し、高級指揮官をターゲットとして適切な火力を指向した結果、多くの将官が殺害されたのではないかと考えられます。

スペースX社による通信インフラのサポート

ウクライナのこのような指揮官を殺害する作戦を成立させるためには、より細かでリアルタイムの目標情報が重要になってきます。前述のとおり「大砲のウーバー」システムにより目標情報を収集し、高級指揮官や司令部を「狙い撃ち」していると思われます。

狙い撃ちといっても狙撃しているわけではなく、大砲のウーバーシステムを活用して最適な時期、場所、手段で迅速に攻撃していると考えられます。このような、ウクライナの情報収集から目標のターゲッティングまでのシステムが確実に作動し続けるには、途切れることのない通信連絡手段が必要です。

ウクライナにおいては、開戦直後からスペースX社CEOのイーロン・マスクが無償で提供したスターリンク衛星システムが利用されています。マスクは、ウクライナのフョードロフ副首相兼デジタル転換相からツイッター（現・X）で要請を受けてすぐにサポートを決定しました。3月初めには、スターリンクの端末400台を提供し、2023年10月の時点ではそれが2万台規模まで増えました。

「ジーアイエス・アルタ」チームは、「ウクライナの通信問題を解決するためのマスク氏の緊急援助に感謝する」と述べています。ただし、イーロン・マスクは同年10月14日にはスターリンクの運用コストが高すぎるとして、その費用を米国防総省に請求したとしています。スターリンクの端末に加えて、「衛星の製造、打ち上げ、維持、補充、地上基地局、通信会社への支払いが必要になっている」と説明しています。さらに、ロシア側からのサイバー攻撃や通信妨害が激しくなるなか、それに対応するための負担も増していると指摘し、毎月のコストが2000万ドル（約30億円）に近づいていることも明らかにしました。

やはり、ロシアもスターリンクの運用を黙って見ているわけはありません。国家対企業の情報戦も水面下で繰り広げられている証左です。米国防総省はスペースXからウクライナ支援の費用負担を求める書簡を受け取ったことは認めていますが、両者の交渉結果は明らかになっていません。

これら一連のマスクの言動に対しては、強欲ではないかなどの批判もあったためか、同氏は10月15日には、ウクライナへの無償提供を続ける考えを示しています。

ドローンの活用

ドローンによる攻撃

ロシアもウクライナもドローンを活用していますが、特にウクライナ側は、民生品のドローンを改良するなど柔軟に活用しています。

ロシア国防省は2022年12月5日、モスクワ南東のリャザニ州にあるジャギレボ空軍基地（モスクワ南東約200キロメートル）とロシア南部のラサトフ州のエンゲリス空軍基地（ウクライナ国境から約500キロメートル）がウクライナのドローンによる攻撃を受けたと発表しました。

これらの空軍基地は、いずれも核兵器搭載可能な戦略爆撃機「ツポレフ95」を配備するロシア軍の遠距離航空部隊の拠点であり、ウクライナのインフラを攻撃する巡航ミサイルの発射場所ともされています。また翌6日には、ロシア西部クルスク州ボストーチヌイ飛行場周辺の石油貯蔵施設でドローン攻撃による火災が発生しました。

ウクライナ政府はドローン攻撃への関与を公にはしていませんが、ウクライナのポドリャク大統領府顧問はツイッターで次のように投稿しています。「地球は丸い——そのことはガリレオによって発見された。クレムリンでは天文学は研究されず、占星術が優先されたようだ。もし地球が丸いことを知っているなら、他国の空域に何かを発射したら、いずれ発射地点に正体不明の物体が戻ってくるということは知っているはずだ」と皮肉を込めてウクライナ側のドローン攻撃を示唆しました。事実上ウクライナ側の攻撃であることを認めたものといえるでしょうが、詳細は明らかにしていません。

2022年10月、ウクライナはクリミア半島のセバストポリのロシア海軍基地に対し、空中と水中のドローンで攻撃しています。そのため今回の攻撃もウクライナによる典型的な特殊作戦の一つと捉えることができるでしょう。ただし、その到達距離とロシアの防空システムを突破して軍事基地に被害を与えたことは、これまでとは一線を画すものといえます。

米NSC（国家安全保障会議）のカービー戦略広報調整官は12月7日、「我々はウクライナにロシアを攻撃するよう促したり、攻撃を可能にしたりしていない」と今回のドローン攻撃に米国は直接的には関与していないとの立場を示しています。

米国は、今回の攻撃への直接関与を否定し、ロシア対米国（NATO）の構図を生起させないように配慮しているものと考えられます。ただし、同調整官は「ウクライナの自衛のために情報、物資、武器を提供しているが、どう使うかは彼らが決めることだ」とも述べ、少なくとも何らかの情報は提供していることは認めています。

ロシア国防省によると今回の攻撃に使用されたドローンは、旧ソ連時代の無人偵察機「ツポレフ141」の改良バージョンとされています。ウクライナのメディアによると、ツポレフ141はソ連時代、ウクライナ北東部ハリコフ（ハルキウ）の工場で生産され、1979年から運用。もともと航続距離400キロだったものを2014年のロシアによる軍事介入後、改良・再投入が決まり、航続距離も1000キロまで延びたとされます。

一方で、12月6日のCNNは、今回のドローンは、ウクライナの国営企業ウクロボロンプロムが開発した可能性が高いと報じています。なぜなら同社は2022年10月、フェイスブックに、機体の一部と見られる写真を載せ、航続距離1000キロの攻撃ドローンの開発が最終段階にあると明らかにしています。

さらに11月24日にはUAVを電子戦下で飛行させるテストの準備をしているとの投稿もありました。それが事実であれば、今後もウクライナによるドローン攻撃は継続されることになるため、いずれ詳細がわかるでしょう。

また、12月5日の『ニューヨーク・タイムズ』は、ウクライナの特殊部隊が基地の近くまで侵入し、ドローン攻撃を誘導したと報道しています。実際に誘導したとすれば本当に特殊部隊なのか、またはパルチザンなのかも気になるところです。

親ロシア派は、12月10日クリミア半島南東部のソビエツキーにあるロシア軍動員兵の兵舎で火災があり、2人が死亡、約200人が避難したと通信アプリなどを通じて伝えました。同日、同半島で活動する「クリミア・タタールのパルチザン」を名乗るグループが犯行を認める声明を発表し「ロシア軍を内部から破壊し続ける」と警告しました。

米ドローンMQ-9リーパーの墜落

2023年3月14日、米軍は黒海上空の国際空域を飛行していた米空軍の無人偵察機MQ-9リーパーがロシア軍のスホーイ27戦闘機と接触し墜落したと発表しました。[9] MQ-9はロシア軍機と接触後、ウクライナのクリミア半島の南西約75〜80マイルの公海上に墜落したようです。[10]

米欧州空軍・アフリカ空軍のヘッカー司令官は「我々のMQ‐9航空機は、国際空域で通常の運用を行なっていた時に、ロシアの航空機に迎撃されて攻撃され、墜落し、MQ‐9が完全に失われた」との声明を出し、「攻撃的な行動は危険で、誤算や意図しない危機の増大につながる可能性がある」とロシアの行動を非難しました。

米側の説明によると、14日の朝にロシアのスホーイ27戦闘機2機が複数回にわたってMQ‐9に燃料を浴びせたり、進路を妨害したりしているうちに1機が接触、同機のプロペラが破損して制御不能に陥ったため、黒海に墜落させたとしています。

一方、ロシア国防省は「ロシア軍の空域管制システムは14日朝、クリミア半島近くの黒海上空をロシア国境の方向へと飛行している米国のドローンMQ‐9を探知（detect）した。ドローンは自動応答装置（transponder）を切って飛行しており、特別軍事作戦のために設けられた一時的な空域の境界を侵犯した。そのことを国際空域のすべての使用者に伝え、国際基準に従って公開した[11]」と述べました。

また、ロシア通信は、ロシアの戦闘機はMQ‐9と接触しておらず、無事に飛行場へ帰還したと主張。「無人機（MQ‐9）は、激しい操縦によって水面に墜落した」と伝えています。

オースティン米国防長官は3月15日、ミリー統合参謀本部議長との共同記者会見[12]で次のように述べています。「私たちが電話に出て、（ロシア国防相）とお互いに交流できることが本当に重要だと思います。そして、それが今後の誤算を防ぐのに役立つと思います」

ミリー統合参謀本部議長は、ＭＱ‐９は「おそらく壊れた」と述べました。「黒海のどこに墜落したかはわかっていません」「おそらく水深４０００フィートか５０００フィートくらいかな。そのため、その深さでの回収は、誰にとっても非常に困難です」さらに、米国が不要な資料が悪人の手に渡るのを防ぐため、（秘密データの破壊など）措置を講じていることを示しました。[13]

国防総省の報道官パトリック・ライダー准将は、「ロシアがＭＱ‐９の一部を回収しようとしていると信じている」と述べたあと、深海がその任務を困難にするだろうと付け加えました。さらに、ライダー報道官は翌16日のペンタゴンでのブリーフィングで「ロシアがＭＱ‐９の破片を回収しようとしている可能性が高いことを示す兆候がある」と述べています。

16日、米空軍はＭＱ‐９がロシア軍の戦闘機から妨害行為を受けたとする動画を公開しました。[14] それを見るかぎりロシア軍機が燃料とみられる物質を放出しながらＭＱ‐９に急接近したり、ロシア軍機の通過後に変形したＭＱ‐９のプロペラが回転する様子が映っています。

この動画が意図的に作られたものかどうかは不明ですが、この画像を見るかぎりでは、ロシア側の接触していないとの発表は偽情報の可能性が高いと思われます。

ドローンで敵兵を降伏させる

2023年5月9日、ウクライナ軍第92独立機械化旅団は無人機を使ってロシア兵に降伏するようメッセージを伝え、1人を投降させたと発表しました。[15]

ウクライナの無人機に降伏するロシア軍兵士。手書きのメモやジェスチャーを通じて遠隔地のドローン操縦者とコミュニケーションをとった（出典：2023年5月9日、第92機械化旅団が公開した編集ビデオ）

第92旅団の攻撃型無人機中隊のフェドレンコ隊長（コードネーム「アヒレス」）がテレグラム・チャンネルで次のように伝えました。[16]バフムトで攻撃型無人機中隊がロシア軍人を発見、イワン・サーク司令官が爆弾の投下を止めるよう指示。私たちのチームは無人機で、彼に降伏して無人機の後をついて来いとの指示を書いた紙切れを投下した。彼は「承諾した。後ろから味方の銃撃を受けていたが」と書き込んだ。

このロシア軍人は、ウクライナ側陣地までドローンの誘導によりたどり着いたという。動画にはバフムト市の塹壕での降伏の様子が映っています。

第92旅団の攻撃型無人機部隊長ユーリー・フェドレンコはCNNへの声明で、降伏があったことを認め、「当時、我々は彼を排除するために爆発物を積んだヘリコプターを用意していました。しかし彼が武器を捨てて降伏する姿勢を示したため、降伏命令を出すことにした」「自分が死ぬと悟った時、彼は機関銃を脇に投げ捨て、手を上げて、戦いを続けるつもりはないと言った」「旅団と航空偵察部隊の連携した活動により、占領者を捕らえることができたのはおそらく前例のないケースだ」と語りました。

ロシア兵の降伏後の5月19日、『ウォールストリートジャーナル（WSJ）』の記者らは、ハルキウ地方の拘留施設で警備員の監視の下、この捕らえられたロシア兵にインタビューしました。ロシア軍人で元刑務所保安官の彼は、2022年9月に徴兵される前は酒屋のマネージャーとして働き、バフムトに送られる前は、ルハンスクで警備任務に就き、陣地を構築したと述べました。同紙によると、記者らはウクライナ人の無人機操縦士とも話をしたが、この操縦士は彼の嘆願を聞いて助命を決意したと述べたといいます。(17)

ウクライナのドローン部隊の指揮官が話すように、ドローンにより敵兵を降伏させるという例はおそらく初めてではないかと思われます。

安価な商用ドローンは、監視プラットフォームとしても攻撃兵器としても、ロシア・ウクライナ戦争において重要なツールとなっています。特にウクライナの兵士たちは、既製のドローンを巧みに使って敵の軍隊や車両に爆発物を投下するようになっています。

さらに、戦争初期の段階で、ロシア軍の発砲で夫が負傷した女性を、ウクライナ軍兵士のグループがドローンを使って安全な場所に車を誘導する手助けをした様子なども報じられました。同時に女性の夫に重傷を負わせた銃撃の様子も同じドローンのカメラに捉えられており、傍受された電話とともに、ウクライナ検察当局がロシア軍司令官の戦争犯罪を立証するために使用されるなど、従来考えられなかった用途でもドローンが使われるようになってきました。

（1）Shane Harris and Dan Lamothe, "Intelligence-sharing with Ukraine designed to prevent wider war,"ワシントンポスト（2022年5月11日）によれば、次の2つのカテゴリーの情報は米国からウクライナへの提供禁止。第一のカテゴリーは、ウクライナが軍の最高幹部や閣僚などロシア指導部の人物（たとえばショイグ国防大臣やゲラシモフ参謀総長など）を殺害するのに役立つような詳細な情報。この禁止事項には将軍を含むロシア軍将校には適用されないものの、ウクライナ領域内におけるロシアの将軍の位置情報は提供しない。したがってロシアの将軍殺害はウクライナ軍の判断であり、米国は「いかなる種類の将軍の殺害も積極的に支援していない」とされている。第二のカテゴリーは、ウクライナ国境外のロシアの標的をウクライナが攻撃するのに役立つあらゆる情報。これは、ウクライナがロシア国内に仕掛ける可能性のある攻撃の当事者に米国がならないようにすることを目的としているとのことである。

（２）Russia's top officer visited the front line to change the offensive's course, U.S. and Ukraine officials say. ニューヨーク・タイムズ（２０２２年5月1日）

（３）「アメリカ軍より優れる――ウクライナ内製ソフトで砲撃20倍迅速に」ニューズウィーク日本版（２０２２年5月26日）、トレント・テレンコX（旧ツイッター）https://twitter.com/TrentTelenko/status/1523791073945096240

（４）ＢＢＣ（２０２３年１月４日）など各種報道取りまとめ

（５）筆者注：ハイマースの特徴としては、射撃したら速やかに陣地変換できることであり、ロシア軍から反撃を受けるまで射撃位置にとどまるとは考えにくく、すべてが破壊されたというのには疑問がある。

（６）英国防省ツイッター（２０２３年1月4日）https://twitter.com/DefenceHQ/status/1610523688650039296/photo/1

（７）ニューヨーク・タイムズ（２０１８年1月29日）

（８）ＢＢＣ（２０２２年6月6日）

（９）Russian Fighter Collides with American MQ-9 Over Black Sea; Drone Lost. AIR&SPACE MAGAZIN. 2023_03_14. https://www.airandspaceforces.com/russian-fighter-collides-with-american-mq-9-over-black-sea-drone-lost/

（１０）クリミア半島の南西40～50マイルで迎撃、50～60マイルで衝突、75～85マイル付近で墜落している。米空軍ヨーロッパ・アフリカ ツイッター（２０２３年3月16日）https://twitter.com/HQUSAFEAFAF/status/1636362225316409344?ref_src=twsrc%5Etfw%7Ctwcamp%5Etweetembed%7Ctwterm%5E1636362225316409344%7Ctwgr%5Edfaac2197230dbb73863e9c1861ac570df5cbebb%7Ctwcon%5Es1_&ref_url=https%3A%2F%2Fwww.airandspaceforces.com%2Fwatch-video-of-russian-fighter-crashing-ito-us-mq-9-released%2F

（１１）ロシア、戦闘機と米軍ドローンの「接触」を否定（ＣＮＮ ２０２３年3月15日）https://www.cnn.co.jp/world/35201283.html

（１２）米国防総省（２０２３年3月15日）
https://www.defense.gov/News/Transcripts/Transcript/Article/3330701/secretary-of-defense-lloyd-j-austin-iii-and-chairman-of-the-joint-chiefs-of-sta/
（１３）米国防総省（２０２３年3月15日）
https://www.defense.gov/News/Transcripts/Transcript/Article/3330701/secretary-of-defense-lloyd-j-austin-iii-and-chairman-of-the-joint-chiefs-of-sta/
（１４）AIR&SPACE FORCES MAGAZIN（２０２３年3月16日）
https://www.airandspaceforces.com/watch-video-of-russian-fighter-crashing-into-us-mq-9-released/
（１５）ウクルインフォルム（２０２３年5月10日）
https://www.ukrinform.jp/rubric-ato/3707357-doronderoshia-bingnimesseji-chuan-dabafumuto-jin-jiaodeukurainaniming-tou-jiang.html
（１６）テレグラム（２０２３年5月10日投稿）https://t.me/fedorenkoys/13
（１７）ＣＮＮ（２０２３年6月15日）

第9章　ＰＭＣ「ワグネル」の実態

兵站から情報まで、民間軍事会社が果たす役割

ロシア政府がワグネルを利用する理由

ロシア・ウクライナ戦争においても民間軍事会社（ＰＭＣ：Private Military Company）が活用されています。

現代のＰＭＣが果たす一般的な役割は何でしょうか。専門家によれば、①戦闘への参加、②紛争地域で活動する政府、国際機関、ＮＧＯの人員および基地に関連する人や施設の保護、③軍事訓練およびアドバイス、④軍用装備品の調達、流通（ロジスティックス）、仲介（ブローカーとしての役割）、⑤爆発物の処理、⑥情報収集および分析などがその役割だと指摘されています。

いわゆる傭兵としてイメージされる戦闘だけではなく、ロジスティックス（兵站）から情報にいたるまで幅広い活動を行なっていて、国家主体などが行なう軍事活動を総合的に支えています。イラクやアフガニスタンで活動した米国のＰＭＣ（ＰＭＳＣ）の任務の９割は、警護や戦闘以外だったとされています。[1]

では、ロシアにおけるＰＭＣ「ワグネル」の役割は何でしょうか。ロジスティックスなども行なっているでしょうが、表面的には戦闘の役割しか出てきません。空挺軍のような精強部隊や途中で30万人も動員したとされる十分な数の正規軍がいるのに、なぜロシア政府はワグネルを戦闘に利用するのでしょうか。その理由は大きく次の３点にあると考えられます。

①ロシア軍人の犠牲者数を少なく見せることによる国内の世論対策

戦地に派遣した兵士の犠牲が増えれば、国民の間で政府のウクライナへの軍の派遣の判断への批判や疑問が高まりかねません。しかし民間軍事会社であれば、そもそも犠牲者を公表する必要がありません。公式に戦死者としての統計にも計上されません。したがって本当の犠牲者の数を矮小化することができます。

②戦闘能力に長けている

ロシア人の平均月収の4倍という毎月の給与、さらにボーナスも支給されるなど、高額な報酬で元軍人や各地で戦闘を経験してきた者たちを雇い入れることで、特にロシアの新兵たちの能力を補うことができます。

ワグネルの求人動画では、現代的な装備を誇示し、重兵器にヘリコプターまで保有するワグネルは、米国の特殊部隊に似た存在だともされています。米国防総省の報道官であるジョン・F・カービーは、戦闘員の一部はシリアとリビアから徴兵されたようだと述べています。彼らは2014年のドンバス地域での戦闘経験も持っていたため、ウクライナ東部での戦力を強化するために彼らに目を向けたのだと指摘しています。

かつてシリアで傭兵95人を率いていたマラット・ガビドゥリンはCNNの取材で「もしロシアが傭兵集団を大規模投入していなかったら、ロシア軍がこれまでのような成功を収めることはできなかっただろう」とすら語っています。

ウクライナのレズニコウ国防相も、ワグネルの傭兵は「特に難しく重要な任務」に投入され、南部マリウポリやヘルソンにおけるロシアの勝利で重要な役割を果たしたとしています。

③人権侵害などに対する政府の責任の所在をあいまいにできる

軍が一般市民の虐殺などの犯罪行為を行なった場合、その兵士だけでなく上官、兵士を派遣した国の政府の責任が問われます。ロシアにおいて拷問や虐殺は、情報を収集する手段や住民を恐怖で支配するために有効な手段の一つと考えられている節があります。

もちろん、正規軍が行なえば国際法に抵触し、ロシア政府の罪も問われますが、民間軍事会社が行なったことならば、実質的には政府がその背後にいたとしても、「民間会社のやったことで政府は知らなかった」として、責任の追及を逃れることができると考えているとみられます。

つまり、高い報酬で実戦経験豊富な戦闘員を雇い、彼らを厳しい戦線に投入することで勝利に貢献させ、仮に多くの死傷者が出ても、統計上の戦死者にカウントされない。また、傭兵が一般市民を虐殺しても責任の所在をあいまいにできることなどから、ロシア政府は民間軍事会社（ＰＭＣ）を都合のよい、「使い捨ての兵士」として活用してきたわけです。

公然の秘密だったワグネル

従来、ウクライナ東部などへのロシアの民間軍事会社ワグネルのコントラクター（社員、傭兵）の派遣は、「公然の秘密」とされていました。しかし、２０２２年９月、「プーチンのシェフ」と呼ばれていたエフゲニー・プリゴジンがワグネルを率いていることを公に認めたあと、表に出てくるようになり、ロシアの主要都市に看板を掲げて大規模に傭兵を募集するようにもなりました。

ウクライナ東部ドネツク州ソレダルをめぐる攻防では、2023年1月11日、ワグネルが同地を制圧したと主張しました。しかし、すぐにロシア国防省はその情報を否定し、まだ戦闘が続いているとしました。そして13日になって、「ソレダルを制圧した。制圧したのは軍だ」と主張しました。16日、ロシアのペスコフ大統領報道官は報道陣に対し、両組織とも祖国のために戦っているとしましたが、いずれにしてもソレダルは、ロシア軍が夏に劣勢になり始めて以降、ロシア側が制圧した唯一の街です。ロシア政府はここ何年も、ウクライナ東部やシリア、アフリカでの紛争へのワグネルの関与を否定してきましたが、政府高官がワグネルの役割を認めた初めてのケースとなります。

また、2023年1月20日、米政府は北朝鮮がワグネルに武器を供与した証拠だとする写真を公開しました。そのうえで、米政府高官は「来週ワグネルを国際犯罪組織に指定し、追加制裁を科す」とも明かしました。[2]

さて、この民間軍事会社ワグネルとはいったいどんな組織なのでしょうか。

ワグネル傭兵部隊の戦い

エフゲニー・プリゴジンにより創設

民間軍事会社（ＰＭＣ）であるワグネルへ資金提供し創設したのはオリガルヒの一人、エフゲニー・プリゴジンでプーチン大統領と長年にわたり密接な関係を有していました。

プリゴジンはワグネルとの関係を明らかにしてきませんでしたが、２０２２年９月、初めて自身が創設者であることを認めました。

プリゴジンは、１９６１年にレニングラード（現サンクトペテルブルク）に生まれ、スポーツ専門学校でスキー選手を目指したものの、ソ連時代に窃盗や詐欺などの犯罪を繰り返し、１９８１年から９０年まで服役していました。

出所後はホットドック屋から始めた商売を拡大し、地元で「ニューアイランド」という洋上レストランをオープンしました。このレストランはプーチン大統領のお気に入りとなり、２００１年にはフランスのシラク大統領、０２年にはアメリカのジョージ・ブッシュ大統領との会食場にも選ばれています。０３年にはプーチン大統領自身の誕生会もここで開いているほどです。

このようにプーチン大統領のために手の込んだ宴会の準備をしたり、併せてケータリング事業も経営していたため「プーチンのシェフ」と呼ばれてきました。

プリゴジンは、プーチン大統領との個人的関係を深め、行政やロシア軍との関係を築き上げ、学校給食やロシア軍兵士への配給、さらには清掃業務、駐屯地の建設なども請け負うようになります。

しかし、2013年にセルゲイ・ショイグが国防大臣に就任すると軍によるプリゴジンとの民間委託契約が打ち切られました。それが、プリゴジンのビジネスの方向性を変化させ、IRA（インターネット・リサーチ・エージェンシー）やPMCの創設にもつながっていったとされます。

プリゴジン自身は当初は、PMCの設立に乗り気ではなかったとされますが、2014年にワグネルを創設しました。プリゴジンが乗り気でなかったのは、PMCの業務が危険なうえにどれだけ利益が出るかが見通せなかったからだとされます。しかしプーチン体制下のロシアで実業家が生き残る道は政府に忠実であることが必須でした[3]。

ワグネルの由来は作曲家ワーグナー

プリゴジンの資金提供を受けて、2014年に実際にPMCとしてのワグネルの軍事部門を率いたのは、ロシアの退役軍人ドミトリー・ウトキンです。ウトキン元中佐は、GRUの出身で、二度のチェチェン戦争に参加、2013年からはGRU隷下の特殊部隊であるスペツナズの部隊指揮官を務め、その後、香港に拠点を置いていた民間軍事会社のスラヴ軍団に所属していました。

ワグネルという社名は、ヒトラーが好んだ作曲家リヒャルト・ワーグナー（ロシア語でリハルト・ワグネル）に由来するといわれています。ウトキン中佐がかつて自分のコールサイン（呼出符号）にワグネルを使っていて、それから採ったとされています。

ウトキンは、ナチス関連のタトゥーを入れているなどネオナチの信奉者とされます。ロシア政府はワグネルとの関係を一切否定していますが、過去にはウトキンがプーチン大統領の隣にいる写真も撮られています[4]。

ワグネルは、２０１４年ロシアがクリミアを併合した時に活動を開始しました。その際、活動した親ロシア派のグループとされる「リトルグリーンマン」の一部であると考えられています。また、ＧＲＵが秘密裏にワグネルに資金を提供し、監督していると指摘する人もいます。

なぜなら、ウトキンは元ＧＲＵであり、ロシア内にあるワグネルの訓練基地はＧＲＵの施設の近くにあります。さらにリビア、シリア、ベネズエラでは、ロシア軍機がワグネルの傭兵を国外へと輸送しているからです[5]。

ロシアでは法律によって傭兵活動が禁じられています（刑法３５９条）。ところが、現実には１９９０年代からＰＭＣは存在しているのです[6]。２０１１年以降ＰＭＣの法的地位を定めるための連邦法案が何度か提出されてきましたが、採択には至っていません[7]。ロシアではＰＭＣの位置づけは曖昧なままですが、今回の戦争では大活躍しました。ところが、〝プリゴジンの乱〟（後述）のあとは、プーチン大統領はPMCは法的に存在しないなどと発言しています。

海外で戦闘経験を積むワグネルの傭兵

2014年のクリミアでの活動を皮切りに、ワグネルは国外での活動を活発化していきました。

2015年には、シリアでの活動を開始し、イスラム過激派組織IS（イスラム国）からパルミラを奪還する際に重要な役割を果たし、アサド政権を支え、親政府軍とともに戦い、油田を確保しました。

2016年からは、リビアでも活動しており、統一政府「国民合意政府」に反対するハリファ・ハフタル将軍の「リビア国民軍」を支援しています。

2017年には、中央アフリカ共和国にも招かれ、ダイヤモンド鉱山を守るべく約2000人がトゥアデラ大統領を支えています。

2019年、「リビア国民軍」がリビア全土の支配を狙ってトリポリに侵攻した際には、最大1000人のワグネルの傭兵が参加したとみられています。

さらに、スーダンでは金鉱山を保護しているとも報告されています。西アフリカのマリ政府からは、イスラム過激派グループに対する治安を確保するために招かれました（185頁図参照）。

ブルキナファソでは、軍事クーデターで権力を握ったイブラヒム・トラオレ大佐が、国の大部分を支配しているIS過激派と戦うために、ワグネルと協力する用意があるとしました。

英国のRUSI（王立防衛安全保障研究所）のラマニ博士は「ウクライナ以外では、ワグネルには合計約5000人の傭兵がいて世界中で活動」しているとしています。そして、ウクライナで戦争が始まって以来、ワグネルの活動はより公然となり、ロシア国内で募集を行ない、ロシアのメディアでは愛国団体として名前が挙がるようになっていきました。

元ワグネルの傭兵、マラット・ガビドゥリンは、NHKのインタビューで、かつて職業軍人だった経験を買われてワグネルに勧誘され、高額な報酬を目的に、ウクライナ東部やシリアで戦闘に参加、部隊を指揮する立場にもいたことがあると語っています。

ガビドゥリンは、ワグネルは「実質、国によって作られた非公式の軍事組織」で、その活動にはロシア政府の強い関与があると明言しました。

「我々は自分勝手には戦えない。シリアでは我々はロシア軍の一部として、完全にロシア軍の統制のもとで活動していた」「シリアでのワグネルの主な任務は、戦争で勝利することと犠牲者数を隠蔽することだった」「ロシアの指導部が、シリアにおいて最小限の犠牲で勝利を収めると声高に唱えたので、その構想を何としても支えるため、傭兵部隊を使ってでも勝利を収めるのだ」なぜなら「公式な統計に傭兵の犠牲者は含まれないから」と証言しました[8]。

ウクライナ戦におけるワグネルの人数と待遇

ウクライナ国防情報機関の報道官によると、2022年9月頃の時点で、ワグネルの傭兵は少なくとも5000人で、ロシア軍と活動をともにしているとしています。フランス情報機関の情報関係者も同じような認識を示したうえで、ワグネルの戦闘員の一部はウクライナでの作戦を支援するためアフリカを離れたとも指摘しています。その後、戦況の悪化にともないSNSでも傭兵を募集するようになりました。

ロシアの経済紙『RBC』の記者がワグネルへの志願者を装って各地の代表に電話し、仕事の内容や待遇、訓練などについて聴取して記事にしました。

ワグネルに志願できる対象年齢は24～50歳。契約軍人の経験があれば23歳から、ウクライナでの戦闘経験があれば22歳でも可能。50歳超は経験による。契約期間は約4か月。1週間の訓練後、ウクライナに送られます。

月給は手取りで24万ルーブル（約57万円）とロシア国内の企業の平均月給の約4倍。さらに、実績に応じて15万（約35万円）～70万ルーブル（約166万円）の賞与も支払われるそうです。

ワグネルがウクライナに到着したとの一報が流れたのは、2022年2月のロシアの侵攻開始の数日後のことでした。3月28日、英国防省はワグネルがリーダー格の要員を含む1000人以上の傭兵をウクライナ東部に派遣する見通しだと発表しました。またロシアは、かつてワグネルと一緒に戦ったシリア人などにも声をかけている可能性も指摘されています。

ロシアのウクライナ侵攻初期にショイグ国防相が、中東からの「ボランティア」1万6000人がウクライナで戦う用意があるとプーチン氏に報告しています。

ちなみに、ここではロシアのPMCをクローズアップしていますが、英米などと比べれば、その規模は極めて小さく、ロシアのPMCはどれも世界のPMCトップ20にも入っていません。[9]

使い捨てにされるワグネルの傭兵

海外での実戦で経験を積んだ傭兵たちがウクライナの戦いに戻ってきたものの、戦闘が長引くことで、戦闘能力に長けているとされるワグネルにも変化が表れました。英国防省によると、ワグネルの傭兵はほぼ通常の部隊として前線の特定の区域に配置されることもあり、限定的な作戦に従事していた以前の状況とは大きな変化がみられるとしています。

ウクライナの当局者や米国防当局高官もワグネルがウクライナの前線の穴をふさぐ役割に使われる場面が増えていると指摘しています。そのため、ワグネルの傭兵の犠牲者が激増しているようです。

それにともない、ワグネル内部では、給与と仕事内容が合わないとの不満が拡大しているようです。ウクライナの情報機関は2022年8月、傍受した携帯電話の通信をもとに、ワグネルの傭兵の「士気や心理状態の全般的な低下」を指摘しています。

CNN記者の取材によると、今やワグネルに入る際に軍隊経験は不問だとされています。一時はロシア有数のプロフェッショナルな部隊と考えられていたワグネルですが、数か月前には考えられなかった変化です。

ウクライナ侵攻前は5000人程度しかいないとされていた傭兵でしたが、米NSC（国家安全保障会議）のカービー戦略広報調整官は、いまや（2023年1月）ワグネルが独自に派兵する5万人のうち、1万人が雇い兵、4万人がロシア国内の囚人だと分析しています。[10]

戦闘経験が豊富な元兵士の犠牲者が増えている証拠です。その損耗を補うため、現傭兵との契約を解除しない（一方的に延長する）ほか、新たな傭兵を補充することが必要となっています。

英国防省は、囚人の募集は、ロシアが戦闘歩兵部隊の「重大な」不足に苦しんでいることを示していると述べています。2022年9月には、ロシアの刑務所で受刑者をワグネルに勧誘しているとみられるワグネルの創設者エフゲニー・プリゴジンの動画がネット上に流れました。プリゴジンが提示した条件は、ウクライナでの6か月間の戦闘との引き換えに恩赦を与えるというものでした。

プリゴジンは長年ワグネルとの関係を否定して距離を置こうとして、自身を調査するロシアメディアを相手取った訴訟まで起こしていましたが、ワグネルによる採用活動の拡大やプリゴジンのメディアへの露出は、過去の秘密主義からの転換とほぼ軌を一にしています。つまり、その頃に要員が不足し、本格的に募集しなければならない状態で背に腹は代えられなかったということでしょう。

ワグネル内の「内部統制部隊」

ワグネルの要員が亡命申請し、ワグネルについて話し始めたことにより、部隊の実態が明らかになってきました。英国のBBCなどが報じたところによれば、ワグネルの元部隊のリーダーが2023年1月13日にノルウェーに逃れ、亡命申請したことが明らかになりました。ロシアがウクライナ侵攻して以来、ワグネルの要員が西側に逃れるのは初めてとみられます。

フランスに拠点を置くロシアの人権団体「グラグ・ネット（Gulagu.net）」によると、亡命したのはワグネルで部隊のリーダーを務めたアンドレイ・メドベージェフ（26歳）。元ロシア軍兵士ですが、2017～18年には刑務所に服役した経験もあります。2022年7月にワグネルと4か月の契約を結んでウクライナでの戦闘に従事しました。同氏によると、契約満了後にワグネルが無期限で契約を更新し、戦うのを拒否すれば超法規的に報復すると脅してきたといいます。

メドベージェフは、戦うことを拒んだ戦闘員をワグネル社内の「内部統制部隊」が何人も処刑したところを目撃したと話しています。「連中に捕まったら、殺されるか、撃たれるか、もっとひどいことをされるというリスクもあった。元同僚のヌジンがやられたように、ハンマーでたたき殺されていたかもしれない」と証言[11]しています。

メドベージェフは、ワグネルの司令官は戦闘員が生きようが死のうが無関心だったといい、たった1日の戦闘で15～20人も死ぬことがあり、戦死者の多くは「行方不明」とされ、遺族への補償も支払われなかったといいます。

一方、ワグネルのプリゴジンは1月16日、ＳＮＳへの投稿でメドベージェフがワグネルの構成員だったことを認めましたが、メドベージェフは捕虜を不当に扱ったため処分を受けるところだった（ので逃げた）などと主張しています。

悲惨なワグネルの囚人傭兵

ＣＮＮが入手したウクライナ軍の情報によれば、刑務所で募集されたワグネルの傭兵の運用は悲惨です。ロシアでは、ろくに訓練を受けていない兵士による損害を顧みない突撃は唯一の効果的戦術と認識されているようです。

ワグネルの部隊は前線では突撃歩兵の役割を果たします。その際、戦闘経験のない囚人たちの多くは第一波に使われ、その後に経験豊富な傭兵が続くとされます。当然、第一波の被害は甚大で、ウクライナ当局者によると損耗率は8割とされます。突撃部隊は命令なしでは退却できず、無許可でチームを退却させたり、負傷せずに撤退したりすれば、その場で処刑されるとしています。

２０２２年11月4日、英国防省が公表したレポートでは、ロシア軍が督戦隊（とくせんたい）（barrier troops, blocking units）と呼ばれる部隊をウクライナ国内に展開し始めたとの見方を明らかにしました。

督戦隊の役割は、逃亡を図る自軍の兵士を射殺すると脅し、無理やり戦闘を続行させることだとされます。動員された新兵などの戦線離脱や逃亡を防ぐための措置でロシアの伝統的なやり方であり発想です。

第2次世界大戦のスターリングラード攻防戦などでソ連軍は、督戦隊を使って逃亡や後退を図った多数の兵士を射殺したとされています。ウクライナにおけるワグネルの傭兵においては、第一波の後方に続く経験豊かな傭兵や内部統制部隊が、督戦隊と同様の役割を果たしていることが十分に考えられます。

こうした部隊の存在について、英国防省は「逃亡兵を撃つ戦術は、ロシア軍の質や士気の低さ、規律の不十分さを証明するものであろう」と分析しています。

2015年に入手され公開されたワグネルの就業規則では、ワグネルの傭兵は「カーゴ200」か「カーゴ300」になった場合以外、戦闘任務を解除されることはありません。

「カーゴ200（貨物200便）」はロシア（ソ連）軍の隠語で、戦地から送り返される死体が納められた棺のこと、「カーゴ300（貨物300便）」は負傷者のことです。

傭兵は、負傷するか死亡しなければ、後方には下がれない契約なのです。傭兵は、お金のため、または恩赦を受けるためにはとにかく前進して戦い、生き残るしかありません。

刑務所の服役者の人権問題に取り組むロシアの人権活動家オリガ・ロマノワは2023年1月23日、反政権派メディアのインタビューで、ワグネルが刑務所で募り、前線に送った囚人約5万人のうち4万人が死傷したか脱走したとの見方を示しています。[12]
ウクライナ東部戦線のソレダルやバフムトでのワグネルの多大な損耗について、ロシアの強硬派や反政権派の間では国軍を批判する声が広がっているようです。
ロシア元副大統領のアレクサンドル・ルツコイは、国防省幹部を「無能」と公然と非難しています。ルツコイはアフガニスタン紛争に従軍し、エリツィン政権下の1990年代前半には副大統領も務めた保守派の元政治家です。インタビュー記事ではウクライナへの軍事侵攻について「わが国にとって悲劇だ」と嘆いています。

エフゲニー・プリゴジンの暗躍と最期

プリゴジンの事業とアフリカの関係

パリ第8大学で地政学を教えているワグネル(グループ)研究の専門家のケビン・レモネール(Kevin Limonier)によれば、ワグネル(グループ)は、プリゴジンが取り仕切っている組織の一つにすぎないと言います。

プリゴジンはコンコルド企業グループを統括し、主に3種類の活動に基づき事業を展開しています。その1番目の活動が、ワグネルによる「傭兵と警備業」です。2番目は、IRA(インターネッ

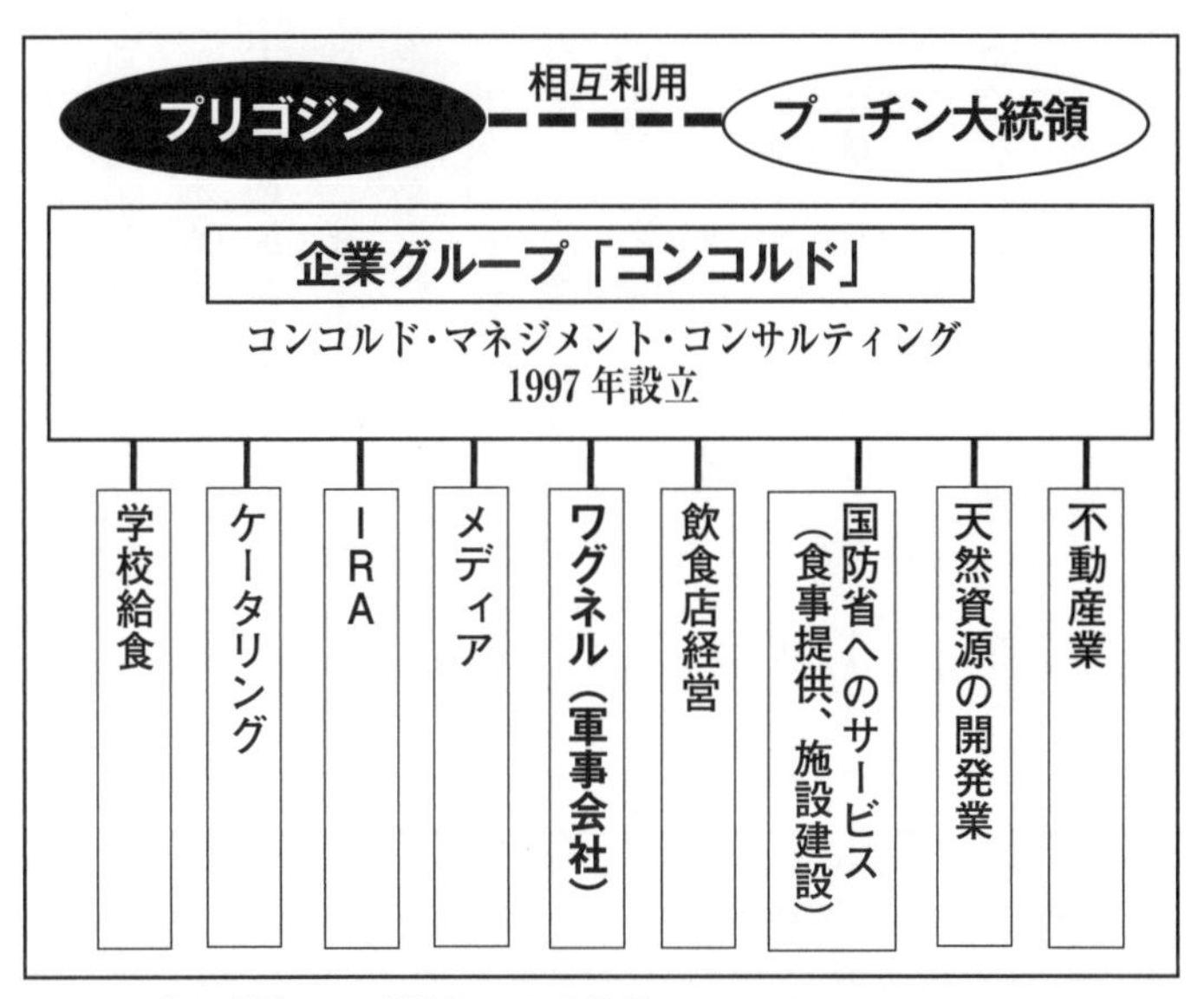

プリゴジンのビジネスの全体像（各種資料を基に作者作成）

ト・リサーチ・エージェンシー）のようないわゆるフェイクニュース製造工場／トロール工場（フェイクニュース拡散などを通じてインターネット上で荒らし／トロール〔挑発・分断・欺瞞などの破壊的行為〕により世論工作などを行なうグループ）からロシアに有利となる偽の情報を発信する「偽情報ビジネス」です。3番目は、アフリカにおける「天然資源の開発業」です。そしてそれらの活動は、複雑に絡んでいて実態はよくわかりません。

報道などをもとに図式化すると上図のようになります。

ちなみに、2018年7月に中央アフリカ共和国でワグネルの調査を行なっていた3人のジャーナリストが移動中に殺害された事例などを踏まえ、特に「ワグネルの活動は闇に包まれており、その詳細を確かめようとすれば〝消される〞可能性も高い」[13]との指摘もあったほどです。

プリゴジンのコンコルドグループの収益は、天然資源の開発ビジネス事業のおかげで、ここ数年で大幅に増加したとされます。このグループのビジネスを利用して、ロシア政府は、海外での影響力を強めています。プリゴジンは、それぞれのビジネスを組み合わせて武力と情報工作でプーチン政権の海外戦略を陰で担うとともに、アフリカなどの天然資源開発の利権を得て収益を上げているのです。

欧米が特に警戒している場所がアフリカです。2022年3月24日の国連緊急特別総会におけるロシア非難決議の結果は、近年のロシアのアフリカ大陸への軍事的、政治的影響力拡大の成果を示すものといえるでしょう。

アフリカ54か国のうち、ロシア非難決議に賛成したのはエジプト、チュニジア、ガーナ、ケニア、ニジェール、ナイジェリア、ザンビアなど28か国でした。

明確な反対は、エリトリア1か国ですが、棄権は17か国で南アフリカ、アルジェリア、セネガル、アンゴラ、中央アフリカ共和国、マリ、モザンビーク、スーダン、ジンバブエなどが含まれています。その他8か国は投票に参加しませんでした。

2014年にウクライナでワグネルを使用したあと、ロシア政府はそのメリットに気づき、中東やアフリカにもワグネルを派遣しました。

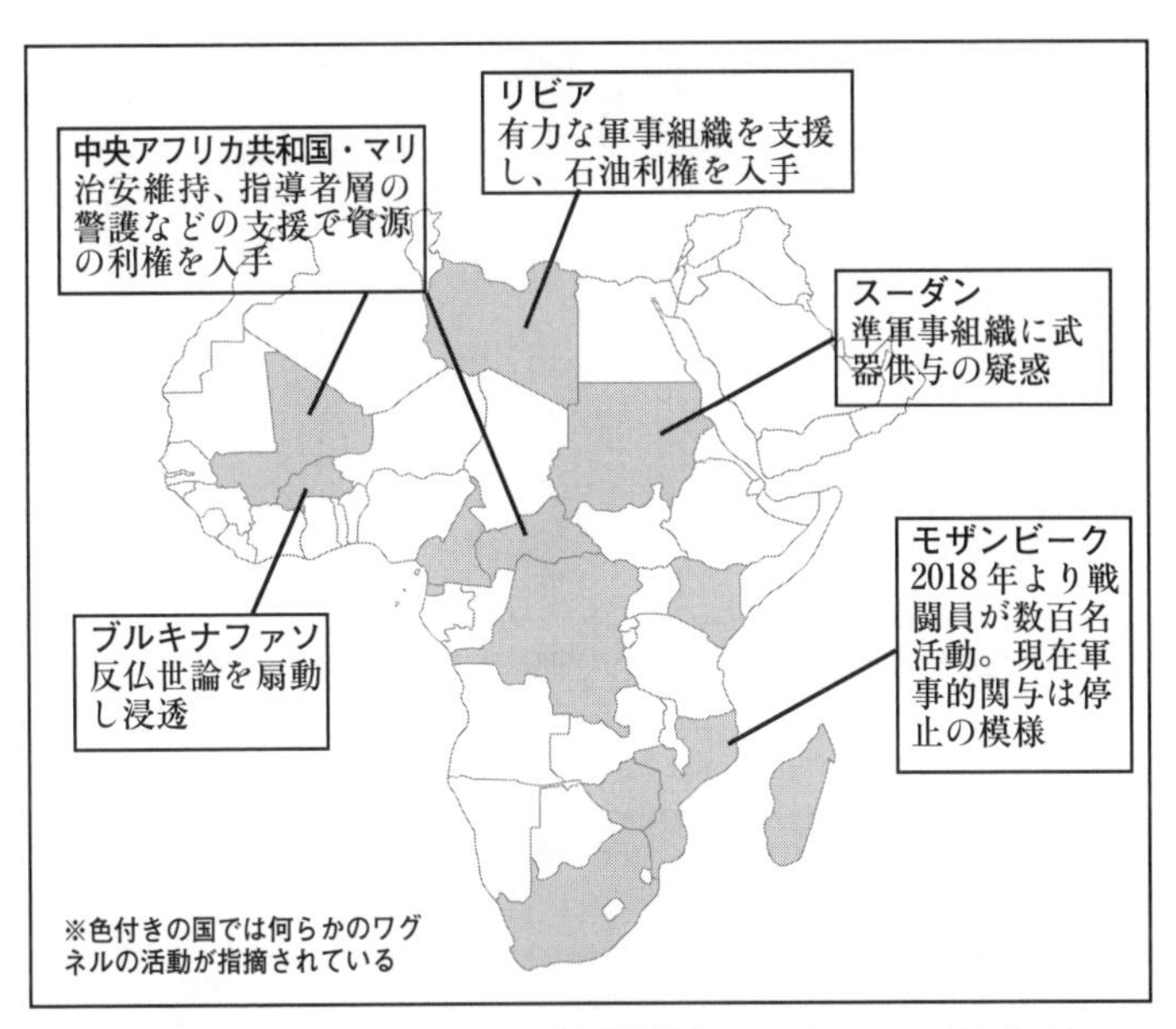

ワグネルのアフリカにおける活動地域（各種資料を基に筆者作成）

たとえば中央アフリカ共和国では、その見返りに金の鉱山の利権を与えられたのではないかと指摘され、マリには石油もあります。「アフリカのリーダーは、軍事クーデターで権力の座に就いた人たちが少なくありません。困難な問題でも手段を選ばず解決するワグネルの強引なやり方に共感しているのです」と、かつてシリアに派遣されていた元ワグネルの戦闘員ガビドゥリンは語っています。

また、ワグネルに所属する傭兵たちは、非常に経験豊富で高度な戦闘技術を有し、その戦力は「小国の軍事力をしのぐ」「戦場において任務遂行のためには手段を選ばない」とも語っています。

プリゴジンのアフリカにおける情報工作

米国務省は、ロシアがアフリカにおいて何らかの偽情報作戦を行ない、自国に有利になるようアフリカの政治に影響を与えようとしたとしています。その手段として、次のような組織や機能を活用しています。

- アフリカの天然資源を開発する企業
- 民主主義の関係者を弱体化させる政治工作員
- NGOを装ったフロント企業
- ソーシャルメディアの操作と偽情報作戦

米国務省は『エフゲニー・プリゴジンのアフリカ全土における偽情報作戦』[14]と題した報告書を発表し、警戒を呼びかけました。それには、プリゴジンがプーチン政権のプロパガンダをアフリカで広め、その手先となっているのが、アフリカのインフルエンサーたちだと指摘しています。特にプリゴジンが連携しているアフリカの2人のインフルエンサーを挙げています。

それぞれSNSで数十万以上のフォロワーを持つ活動家で、ロシア政府やプリゴジンが主催するイベントなどに出席し、プーチン政権の利益となる情報を拡散してきたとされています。2人のユーチューブ・チャンネル[15]の再生回数は2800万回を超えています。

一人はスイス系カメルーン人のナタリー・ヤンブ（女性）。3年前にロシアのソチで行なわれたロ

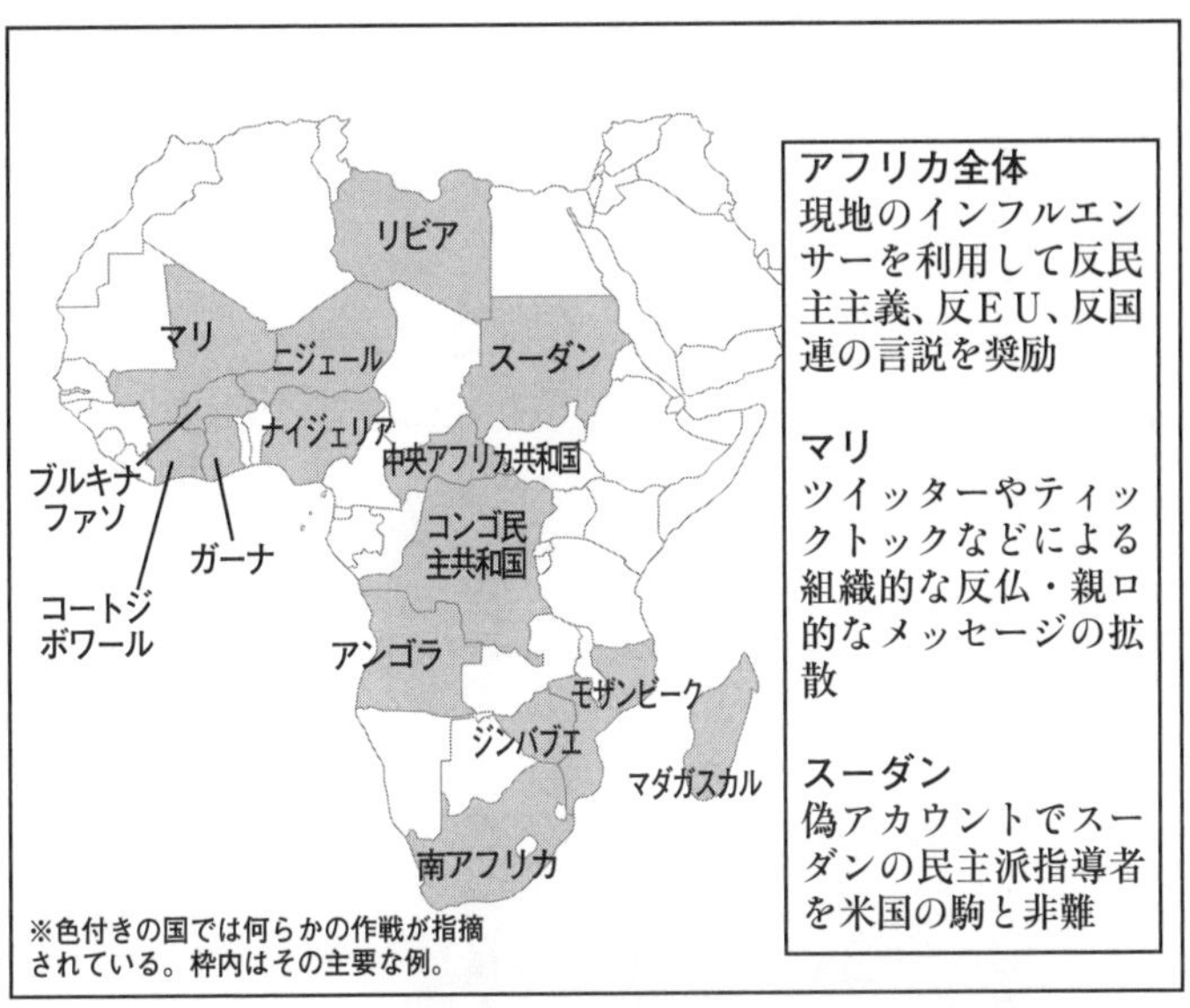

ロシアによる偽情報作戦が報告されたアフリカの国
（各種資料を基に筆者作成）

シア・アフリカサミットでプーチン政権を支持したことで「ソチの貴婦人」という異名を持ち、特にフランスのアフリカ政策を厳しく非難する論客で知られている人物です。

動画投稿サイトで「フランスのマクロン大統領はマリやサヘル地域で占領と天然資源の略奪を行なっているフランス軍を撤退させるべきだ。フランスはこれ以上アフリカにとどまらないで欲しい」などと発言しています。

もう一人のフランス系ベナン人のケミ・セバ（男性）も有名なインフルエンサーです。特にロシアによるウクライナへの軍事侵攻後は、プーチン大統領の決断を正当化する主張を各地で展開しています。

セバはSNSに「欧米諸国はプーチン大統領の話を聞かなかった。プーチン大統領は奪われた土地を取り戻そうとしている。欧米に奪われ破壊された土地だ」と主張する動画を投稿しています。アフリカではウクライナ軍事侵攻後も欧米よりロシアを支持する人が少なくなく、その背景にこのようなプリゴジンとインフルエンサーの存在があるとされています。[16]

正規軍とプリゴジンの対立

プリゴジンは、プーチン大統領と特別な関係を築き、軍の食事や駐屯地の建設など国防省へのサービス業務にも浸透していました。しかし、２０１３年にセルゲイ・ショイグが国防大臣に就任すると軍とプリゴジンとの民間委託契約を打ち切りました。理由は明らかになっていませんが、ショイグ国防相は国防省や軍の中でプリゴジンの影響力が拡大するのを阻止したいという思いがあったようです。

少なくともその時から、ショイグ国防相とプリゴジンの確執があったことは容易に想像がつきます。その後、プリゴジンはワグネルを創設することになります。ワグネルは、２０１４年のロシアのウクライナ東部への侵攻においては、「リトルグリーンマン」に代表されるような正規軍ができない作戦分野に投入されていました。

ロシア・ウクライナ戦争が始まると、ワグネルは当初は正規軍の補完勢力として戦線の拡大に寄与してきました。戦争が長引き正規軍の戦力が低下するにつれ、次第にワグネルの高い戦闘能力が認められ、第一線の激戦地域に積極的に投入されるようになり、戦場によっては民間軍事会社であるワグネルがロシアの正規軍を指揮するような場面も出てきました。

その結果、ロシア軍・国防省におけるワグネル、ひいてはプリゴジンの影響力の拡大を招く一方で、プリゴジンとロシア軍・国防省との確執を増大させていくことになり、それが次第に表面化するようになっていきました。

2023年1月11日、ワグネルはウクライナ東部ドネツク州ソレダルをめぐる攻防において同地を制圧したと主張しました。前述したようにソレダルは、ロシア軍が2022年夏に劣勢になり始めて以降、ロシア側が制圧した唯一の街とされていますが、ロシア国防省はその情報を否定し、まだ戦闘が続いているとしました。そして同月13日になって、「ソレダルを制圧した。制圧したのは軍だ」と主張しました。

そのため、ワグネルと国防省が手柄争いをしているとの報道がありました。いずれにしても、政府高官がワグネルの役割を認めた初めてのケースとなります。

2023年1月25日、バフムト防衛にあたるウクライナ軍部隊の報道官は、ロシア軍がバフムト市内に侵入しようと試みており、1日に40回近い戦闘があったとしています。このように、ウクライナ東部のソレダルでの攻撃に続きロシア側によるバフムト（ソレダルから数キロメートル南西）での積極攻勢が目立ちます。

その背景にあるのが、精強とされる空挺軍の投入とみられています。空挺軍は陸海空軍から独立した存在で、2018年頃のデータでは4万5000人規模とされます。空挺軍は味方から十分な補給支援が得られないような敵の後方などにパラシュートで降下し、すぐに戦闘力を発揮できるように編成されています。

一般的には精強、精鋭部隊とされますが、飛行機から部隊を降下させてすぐに戦えるような装備体系のため、主力戦車や大口径の火砲などの装備品を有していませんし、継戦能力は不十分なのが特徴です。

したがって、戦闘の要所要所に短期的に投入されることが一般的で、ウクライナ侵攻当初のキーウなどにも運用されました。ソレダルへの空挺軍の投入について、1月25日、米シンクタンクのISWは、総司令官がゲラシモフ参謀長（ウクライナ侵攻総司令官兼務）に交代し、ロシア軍指導部が兵員補充のため依存してきたワグネルよりも正規軍を重視し、空挺軍を重視した用兵を進めていると指摘しています。

一方、英国防省は1月24日、空挺軍で経験豊富なミハイル・テプリンスキー司令官が、空挺軍の展開をめぐり最近解任されたとし、ゲラシモフ参謀総長との意見対立が原因とする分析を明らかにしています。おそらく精強な空挺軍をできるだけ運用したい参謀総長と空挺軍の弱点（軽装備、継戦能力不足）を知り尽くしている現場指揮官との考え方の違いも対立の一因と思われます。
ウクライナがＮＡＴＯ諸国から主力戦車を十分に供与され訓練が充実してくれば、重装備がない空挺軍主体の用兵が、今後も効果を上げるかどうかは極めて疑問です。そのため、参謀総長は空挺軍の効果が半減する前に投入を急いでいたとも考えられます。

ロシア正規軍を公然と批判

ワグネルが成果をことさら主張するのは、自らの存在意義を強調するとともに、正規軍との連携の悪さに対しても不満を持っているからだと考えられます。ワグネルの部隊は、新兵の損耗を恐れず、執拗な波状攻撃により陣地の奪取に成功し、火砲の援護下にたこつぼを掘り、獲得した陣地を固めます。

しかし、ウクライナ軍によるロシア側の無線などの傍受によれば、ワグネルとロシア正規軍との連携がまったくとれていないとされます。ワグネルの部隊が奪取した陣地付近にロシア正規軍の砲弾が落ちるのです。ワグネルの部隊が突入して第一線の敵の陣地付近に到達しても、そのことが正規軍には伝わっていないというのです。そのような連携状況ですから、ワグネルが正規軍を非難し、自分たちの成果を主張するのは当然の結果でしょう。

プーチン大統領は、国内の継戦意識の持続・高揚や政権支持の強化をもくろみ、5月9日の対独戦勝記念日までにバフムトを制圧するよう軍に圧力をかけました。記念日が近づくにつれ軍やワグネルは激しく攻勢を強めますが、損耗も増大します。プリゴジンは、SNSを通じて軍の支援や補給が滞っているとしてバフムトからの撤退を示唆するようになり[17]、さらにショイグ国防相やゲラシモフ参謀総長（ウクライナ侵攻総司令官）を激しく糾弾するようになりました[18]。

プリゴジンは、5月20日、激戦が続いていた東部要衝バフムトの完全制圧を一方的に発表し、ワグネル兵士の休息と再訓練のため5月25日からバフムトから撤退し、ロシア正規軍に指揮権を引き渡すと述べました[19]。その後も、軍上層部への批判は続き、5月24日、約1時間に及ぶ「プリゴジン会見」をネット上で公開しました。会見では、プーチン大統領の現状の戦略ではウクライナに勝てそうもないという見方を公然と主張しました。

そのうえで、プーチン政権に対し、敗北を回避するためには「戒厳令体制」を導入して、「国境を閉鎖」して「北朝鮮的な」態勢に移行すべきとも主張しました。その際、恐ろしく下品な言葉で、ロシアが危機にあると感情的に訴えました。さらに、会見の中で、ショイグ国防相やゲラシモフ参謀総長を名指して批判する一方で、それでも「自分はプーチン氏の言うことは聞く」と強調しました。

このような軍高官や大統領への批判を抑えるためか、ロシア国防省は6月10日、国軍の効果を高めるための措置との名目で、すべての「志願兵分遣隊」に対し、月末までに同省と契約するようショイグ国防相が命じたと発表しました。ワグネルと名指しはしていないものの、ショイグ国防相がワグネルの掌握を狙った対応だと考えられます。

この国防省の発表についてプリゴジンは即座に「ワグネルはショイグといかなる契約も結ばない」と拒否しています。「ワグネルはロシアの利益に完全に従属するが、ショイグの指揮下に入ればワグネルの非常に効率的な指揮構造が損なわれる」とも述べるなど対立は決定的になりました。

1日で収束した〝ワグネルの反乱〟

2023年6月23日、プリゴジンはSNSでショイグ国防相やゲラシモフ参謀総長を念頭に「軍幹部の悪事を止めなければならない。抵抗する者はすぐに壊滅させる」と述べ、「正義のために行進する」と事実上の武装蜂起を宣言しました。

ロシア国防省はすぐに声明を発表し、プリゴジンの発言を「非現実的で挑発的な情報提供」と呼び、FSB（ロシア連邦保安庁）は武装反乱の扇動に該当するとして捜査を始めました。

しかし、翌24日朝、ワグネルはロシア南部のロストフナドヌーの軍事施設を制圧、モスクワに向けて進軍を開始。午前10時、プーチン大統領が「裏切者は罰する」とテレビで演説。午後8時30分頃ベラルーシのルカシェンコ大統領とブリコジンが武装蜂起停止で合意と発表しました。

深夜、ブリゴジンはロストフナドヌーを出発。ロシアのペスコフ報道官はプリゴジンの刑事訴追取り下げを表明し、ワグネルの反乱は1日で収束しました。

その後しばらくプリゴジンの発信が途絶え、所在が不明になりますが、26日夕、SNSに「我々は政権の転覆は望んでいない」などと音声メッセージが投稿されました。

27日、ベラルーシのルカシェンコ大統領はプリゴジンが同国に到着したと表明し、併せて仲介協議の内幕も明かしました。ルカシェンコは「（ロシア軍と戦えば）虫けらのように潰される」などと警告し、ワグネルの進軍停止を求めたようです。

FSBは「今回の件や捜査に関連するその他の状況を考慮し、6月27日、捜査当局は刑事事件を終結させる決定を下した」としています。一方で、ロシアの英字メディア『モスクワ・タイムズ』は、6月28日、ロシア軍のスロヴィキン副司令官が6月27日に逮捕されたと、国防省に近い情報筋の話として伝えています。同司令官は反乱に関与した疑いがあるとされ[20]、その居場所は「内部でも知らされていない」とされています。

スロビキン氏は、ウクライナ侵攻総司令官としてのゲラシモフ将軍の前任者として2022年10月から2023年1月までの3か月間、ウクライナでロシア軍を指揮していました。

また、米国の『ウォールストリートジャーナル』は、7月13日、プリゴジンが武装反乱を始めた数時間後に、ロシアの治安当局がスロビキンら少なくとも軍高官13人を拘束、15人が職務停止や解任されたと報じています。そのうえで、プーチン政権はロシア軍内部で反乱に関わった軍人の情報を公開していないが、粛清を進めている可能性があるとしています。

プリゴジンの自家用ジェット機墜落

ワグネルの人員・装備は今後ロシア軍の統制下に移管、またはベラルーシに拠点を移すこととなり、２０２３年6月29日、プーチン大統領はプリゴジンとほかのワグネルの部隊指揮官など35人と会談しています。

プーチン大統領は「ウクライナ情勢におけるワグネルの行動を評価」する一方で「ワグネルというグループはあるが、民間軍事会社（ＰＭＣ）についての法律はなく、法的には存在しない」とも指摘しました。[21]

そのうえで、プーチン大統領は、ワグネルの指揮官らに対して雇用の選択肢を複数提示しました。その中には「セドイ[22]（白髪）」を指揮官としてロシア軍の統制下で現在のワグネルの部隊を維持する選択肢もあったとされます。つまり指揮官を交代し、国防省の統制に従えということですから、プリゴジンはすぐにこの案を拒否したとされます。

7月19日、プリゴジンは反乱終結以来初めて公の場に姿を現しました。部下に演説する様子を映した携帯電話のビデオの中で、プリゴジンは自軍はもはやウクライナでは戦わず、代わりにベラルーシで兵士を訓練し、アフリカでの活動を維持することに集中すると述べました。[23]

7月下旬には、サンクトペテルブルクで開催された２０２３年ロシア・アフリカ首脳会議に同席した様子が報道されています。[24]

その後、GDELT（Global Database of Events, Location, and Tone）プロジェクト[25]と呼ばれる非営利団体がまとめたロシアのテレビ番組の記録を『ニューヨーク・タイムズ』が分析しました。するとプリゴジンは事実上ロシア国内のテレビから姿を消したといいます。7月13日から8月22日までの間、国営の主要な4つのチャンネルのいずれも彼の名前はまったく言及されませんでした。意図的にプリゴジンのロシア国内における影響力低下を狙ったものと思われます。

ワグネルの乱から約2か月後の8月21日、プリゴジンはアフリカの砂漠と思われる場所で撮影した動画をテレグラムに投稿し、健在であることをアピールしました。

しかし、その2日後の23日、プリゴジンを乗せたプライベートジェット機「エンブレア・レガシー」が、モスクワからサンクトペテルブルクに向けて飛行中、離陸から約30分後にモスクワ北西約300キロメートルのトヴェリ州クジェンキノ村付近で墜落しました。

ロイター通信などによると、後続の2機目のプライベートジェット機も同じくサンクトペテルブルクに向かっていましたが、1機目の墜落後、すぐにモスクワに引き返し無事に着陸したとされます。

同23日、ロシア連邦航空局は、墜落機の乗客リストにプリゴジンの名前があることを明らかにしました。さらに25日、ロシア連邦捜査委員会は、墜落現場からフライトレコーダーと10人の遺体を回収したと発表しました。『インタファクス通信』によれば、「初期段階の捜査において、墜落現場で被害者10人の遺体を発見した。身元特定のためDNA鑑定を実施している。機体からフライトレコーダーを回収した」と報じています。

27日、ロシア当局はワグネルの代表エフゲニー・プリゴジンが23日の飛行機墜落で死亡したことが、遺伝子解析によって確認されたと発表しました。

報道などによる、墜落機の搭乗者名などは次のとおりです。(26)

①エフゲニー・プリゴジン（62歳）

ワグネルグループの創設者、2か月前にロシア軍指導部に対する短期間の反乱を主導。8月29日、サンクトペテルブルク近郊の霊園で父親の墓の隣に埋葬。

②ドミトリー・ウトキン（53歳）

ブリゴジンの長年の側近で、ワグネルの戦闘部隊の実質的創設者。ワグネルの名前は、彼のかつてのコールサインから命名された。ロシアメディアの報道によると、8月31日、モスクワ郊外に埋葬。

③ヴァレリー・チェカロフ（47歳）

ドシェ・センター（ロンドンに拠点を置く反ロシア報道機関）によると、ワグネルの兵站責任者で、シリアやアフリカを含む海外でのプリゴジンのプロジェクトの多くを監督。8月29日、サンクトペテルブルクにある北方墓地に埋葬。

④エフゲニー・マカリアン

ワグネルの戦闘員の一員。細部の役割は不明。ドシェ・センターによると、２０１6年3月にワグネルに加入、2018年にはシリアでワグネル襲撃部隊として活動。同年、米軍機の攻撃で負傷。
⑤セルゲイ・プロプースチン（44歳）
プリゴジンのボディーガードの一人。ドシェ・センターによると、2009年に終結した第2次チェチェン戦争に従軍、負傷。報道によると、2015年3月にワグネルに加入。
⑥アレクサンダー・トットミン（28歳）
彼のソーシャルメディアによると、プリゴジンのボディーガードの一人。
⑦ニコライ・マチュセエフ
ドシェ・センターによると、ワグネル要員のリストにその名前を持つ人物は見つからなかったが、2017年1月からワグネルに加入し、シリアで戦ったニコライ・マトゥセビッチの名前を発見。

以下は搭乗員。
⑧アレクセイ・レフシン：ジェット機のパイロット。
⑨ロスタム・カリモフ（29歳）：ジェット機の副操縦士。
⑩クリスティーナ・ラスポワ（39歳）：ジェット機の客室乗務員で、搭乗者唯一の女性。ソーシャルメディアのプロフィールによると、モスクワ在住、VIPスチュワーデス。

自家用ジェット機墜落の原因

自家用機の墜落の原因などについては、明確な発表はなく、複数の憶測が飛び交っています。
①米国防省は、プリゴジンはおそらく殺害されたと指摘（墜落の原因については言及なし）。
②英国防省筋は、英ＢＢＣの取材に対して、プーチン大統領の命令を受けたＦＳＢがプリゴジンの搭乗機を撃墜したと推測。
③米ＣＢＳは、米政府筋の話として、墜落の最も可能性の高い原因は機内での爆発。
④ロシアのドミトリー・ペスコフ報道官は、自家用機墜落に関するロシアが関与したとする噂は「完全な嘘」だと繰り返し主張。

8月30日、ロシアなど旧ソ連諸国が組織する航空行政調整機関「国家間航空委員会」（ＩＡＣ、事務局モスクワ）は、プリゴジンの自家用機墜落の原因について、現時点で墜落原因を調査していないと発表。また墜落に関しては「コメントしない」とも表明しました。したがって、原因が明らかになる可能性は低いと思われます。

また、ワグネルの乱の直後、プーチン大統領がプリゴジンに対して寛大な処置をとったことから、その指導力の低下やプリゴジンがプーチン大統領の相当重大な弱みを握っていて、それを暴露されるのを恐れているのではないかなどの憶測も流れました。

ところが、この件は第4章に記したロシアによる積極工作、特に大統領に反対する政治家などの暗殺やオリガルヒの不審死などと極めて類似しています。プーチン大統領は、いったんはプリゴジンを許すような態度を見せ、その裏で自分に逆らうものはFSBやGRUなどにより排除する対応をとったと考えざるを得ません。[27]

2023年12月22日、『ウォールストリートジャーナル』は、プリゴジンの自家用ジェット機の墜落は、プーチンの右腕とされるニコライ・パトルシェフ国家安全保障会議書記が画策した暗殺だと報じました。複数の西側の情報当局者やロシアの元情報関係者の話として、プリゴジンの暗殺は墜落の2か月前から計画され、主翼の下部に小さな爆発物を設置して爆破されたとしています。

パトルシェフは、FSB前長官でもあり、軍やFSBと対立関係にあったプリゴジンの6月の反乱でプリゴジンが一線を越えたとみなし、排除に動いた可能性があると指摘しています。パトルシェフは、2022年夏以降、プリゴジンの影響力が軍などで拡大していることを問題視し、政権内で警告していたようです。当初プーチン大統領はそれを聞き流していたが、同年秋から冬にかけて忠告を受けてプリゴジンと距離を置き、無視するようになったとされています。プリゴジン暗殺計画についても、プーチン大統領に伝えられたが、大統領は反対しなかったと西側情報関係者が『ウォールストリートジャーナル』に語ったとされています。[28]

これらの報道について、ロシアのペスコフ大統領報道官は、この記事は見たがコメントしないとしたうえで「残念なことに、最近『ウォールストリートジャーナル』は三文小説（パルプフィクション）を書くのが好きなようだ」と」批判しています。

（1）佐野秀太郎『民間軍事警備会社の戦略的意義―米軍が追求する21世紀型軍隊』（芙蓉書房出版、2015年）。この文献では民間軍事警備会社（PMSC：Private Military and Security Company）としている。

（2）「米政府、ワグネルを『国際犯罪組織』に。北朝鮮から武器」（日本経済新聞 2023年1月21日）。さらに2023年9月13日、弾薬などが不足していると報じられているロシアのプーチン大統領は、北朝鮮の金正恩朝鮮労働党総書記と会談し、両国はともに「帝国主義」と戦うと表明。プーチン大統領は、二国間の軍事・技術協力の機会があるとも発言した。（ロイター 2023年9月13日）

（3）小泉悠「ロシア謎の民間軍事会社〝ワグネル〟」（『軍事研究』2019年4月号、237頁）

（4）BBC（2022年10月3日）

（5）BBC（2022年10月3日）

（6）廣瀬陽子『ハイブリッド戦争 ロシアの新しい国家戦略』61頁、63頁（講談社現代新書、2021年）

（7）小泉悠「ロシア謎の民間軍事会社〝ワグネル〟」（『軍事研究』2019年4月号、237頁）

（8）2022年9月28日（公開）「NHKクローズアップ現代」https://www.nhk.jp/p/gendai/ts/R7Y6NGLJ6G/blog/bl/pkEldmVQ6R/bp/pj3dezOa7v/

（9）廣瀬陽子『ハイブリッド戦争 ロシアの新しい国家戦略』60頁（講談社現代新書、2021年）

（10）「米政府、ワグネルを『国際犯罪組織』に。北朝鮮から武器」（日本経済新聞 2023年1月21日）

（11）ワグネルと関係があるメディアは、プリゴジン氏が「脱走兵」を撃つと発言する動画を数本投稿した。2022年11月の動画では、前科があるワグネル戦闘員エフゲニー・ヌジン氏が大型のハンマーで殴り殺される様子を映しているように見えた（英フィナンシャル・タイムズ電子版 2023年1月17日）。動画はハンマーで殴る直前でカットされている。

（12）日本経済新聞電子版（2023年2月2日）

（13）廣瀬陽子『ハイブリッド戦争 ロシアの新しい国家戦略』72頁（講談社現代新書、2021年）

（14）米国務省"Yevgeniy Prigozhin's Africa-Wide Disinformation Campaign"（2022年11月4日）https://www.state.gov/disarming-disinformation/yevgeniy-prigozhins-africa-wide-disinformation-campaign/

（15）ナタリー・ヤンブ『La Dame De Sochi （"The Lady of Sochi"）』、ケミ・セバ『Kemi Sebaofficiel』

（16）2023年1月11日「NHK国際報道2023」

（17）ウクライナ東部の激戦地バフムトへの攻撃などで主要な役割を果たしてきたワグネルのエフゲニー・プリゴジンはロシア国防当局に対し、弾薬が補給されなければバフムトから撤退すると警告した。プリゴジンはロシアの親政権ブロガー「ウォーゴンゾ」ことセミョーン・ペゴフとのインタビューで、ロシアの武器調達担当者からワグネルの部隊に弾薬が送られてこなくなったと主張。ショイグ国防相らに対し、ただちに弾薬を補給するよう求めた。「ワグネル、ロシアから弾薬の補給なければ『バフムト撤退も』」（CNN 2023年5月1日）

（18）プリゴジンは5月5日、戦闘に必要な弾薬の7割が不足しているとして、ロシア国防省に弾薬を供給するよう改めて動画で訴えた。動画はプリゴジンの別会社のテレグラムアカウントに投稿された。暗い森のような場所で撮影され、背景には遺体とみられる様子を映す映像が流されたあと、プリゴジンはカメラに向かい、「お前らは高級クラブに座り、お前らの子どもはユーチューブ動画を撮って人生を楽しんでいる」「俺は簡単な計算の話をしている。弾薬の割り当て分を渡せば、死者は5分の1ほどになるはずだ」と主張。背景の横たわる男性たちを指さし、「こいつらは志願兵としてここに来て、お前らが高級木材でできたオフィスの中で太るために死んでいく」と激高した。約2分の動画の最後には「ショイグ！　ゲラシモフ！」とロシアの国防相、参謀総長を呼び捨てにし、「弾薬はどこだ！」と激しい口調で述べ、弾薬の供給をせかした。

（19）ロイター電子版（2023年5月20日）
https://www.reuters.com/world/europe/russias-prigozhin-claims-full-control-bakhmut-2023-05-20/

（20）6月27日、ニューヨーク・タイムズは匿名の米当局者の話として、ウクライナ侵攻作戦の元最高司令官セルゲイ・スロヴィキン将軍がプリゴジンの乱の計画について事前の情報を持っていたと報じている。

（21）日本経済新聞（2023年7月14日）

（22）「セドイ」（「白髪」の意味）のコールサインを持つアンドレイ・トロシェフはロシア軍の退役大佐で、ワグネルの創設メンバーにして執行役員でもある。CNN電子版（2023年7月15日）

（23）POLITICO（2023年7月28日）
https://www.politico.eu/article/yevgeny-prigozhin-wagner-troops-russia-ukraine-war-belarus/

（24）BBC（2023年7月28日）https://www.bbc.com/news/world-africa-66333403

（25）GDELTプロジェクトブログ（2023年10月3日）
https://blog.gdeltproject.org/summarizing-an-entire-day-of-russian-tv-news-using-googles-new-32k-palm-llm-model/

（26）ニューヨーク・タイムズ（2023年9月1日）
https://www.nytimes.com/live/2023/09/01/world/russia-ukraine-news?searchResultPosition=9#eight-others-died-on-the-plane-with-prigozhin-and-utkin-who-were-they

（27）報道によれば、アフリカの利権に触手を伸ばそうとしていたGRUのアンドレイ・アベリャノフは、プリゴジンへの深い恨みを抱いていて、自家用機の墜落に関与している疑いがあるとしている。（テレ朝ニュース 2023年8月30日）

（28）ウォールストリートジャーナル（2023年12月22日）

第10章　戦争ＰＲ会社と情報戦

進化する戦争ＰＲ会社の戦略

国家がＰＲ会社を雇って世論を誘導

ロシア・ウクライナ情報戦争における戦争ＰＲ会社[1]（戦争広告会社、戦争広告代理店）の役割について述べる前提として、プロパガンダや戦争ＰＲ会社について簡単に触れておきます。

プロパガンダとは、国家などが個人や集団に働きかけることで政治的主義・主張を宣伝し、意図する方向へ世論を誘導・操作する行為を指します。プロパガンダは日本語訳では宣伝[2]が当てられますが、「宣伝」は今では商業宣伝を意味することが多いです。

ＰＲ（Public Relations）とは、組織などが大衆に対してイメージや事業について伝播したり理解を得たりする活動を指します[3]。

広報とは、広く（＝社会に対して）報じる（＝知らせる）という意味であり、組織などが社会に対して情報発信することです[4]。

また、広告（advertising）とは、広告主の名で人々に商品やサービス・考え方などの存在・特徴・便益性などを知らせて、人々の理解・納得を獲得するために行なう有料のコミュニケーション活動のことです。その目的は、人々を購買行動に導いたり、広告主の信用を高めたり、特定の主張に対する支持を獲得することです[5]。

ただし、これらの定義は出典により異なりますし、混同されて使われることも多いです。

言葉の定義的には、プロパガンダは国家が行ない、ＰＲは企業や組織が行なうようになっていますが、今や国家がＰＲ会社を雇ってそのノウハウを用いてプロパガンダを行なっています。

戦争プロパガンダの10の法則

国家レベルの情報戦においてプロパガンダは政治や戦争遂行の重要な手段の一つです。特に第三者をして、わが方には利益をもたらし、敵方には損失を与えるような行動を仕向ける狙いや意図を持って行なわれます[6]。

第１次世界大戦中に英政府が行なった戦争におけるプロパガンダの手法を分析して、政治家アーサー・ポンソンビー卿が『戦時の嘘』（1928年）において戦争におけるプロパガンダの10の法則として次のようにまとめました。

1、我々は戦争をしたくはない
2、しかし敵側が一方的に戦争を望んだ
3、敵の指導者は悪魔のような人間だ
4、我々は領土や覇権のためではなく、偉大な使命のために戦う
5、我々も意図せざる犠牲を出すことがある。だが敵はわざと残虐行為におよんでいる
6、敵は卑劣な兵器や戦略を用いている
7、我々の受けた被害は小さく、敵に与えた被害は甚大
8、芸術家や知識人も正義の戦いを支持している
9、我々の大義は神聖なものである
10、この正義に疑問を投げかける者は裏切り者である

そして、2015年に出版された『戦争プロパガンダ10の法則』(7)において、著者のアンヌ・モレリは、この法則が第2次世界大戦でも、またその後の戦争でも繰り返されてきたとしています。

確かにこの法則は色褪せることなく、伝達手段の高速化、大規模化にともない、さらに効果を上げ

ているように見受けられます。

ここで、第2次世界大戦後も行なわれて発展してきた事例をいくつか挙げます。

湾岸戦争における少女「ナイラの証言」

イラクによるクウェート侵攻後の1990年10月、クウェートから命がけで脱出してきたという少女「ナイラの証言」があります。イラクによるクウェート侵攻時、米国は直接の当事国ではありませんでしたが、イラク兵が現地の子供たちをいかにして虐殺したかについて、当時15歳の少女が涙ながらに米国議会で証言しました[8]。

その証言によって国際世論は米国によるイラクへの武力攻撃を支持するように劇的に変化していったのですが、後日、明らかになったことは、この少女は米国駐在のクウェート大使の娘（ナイラ）であり、しかも一度も母国に行ったがありませんでした。

依頼を受けたPR会社がアメリカの世論を喚起するために作ったまったくの作り話だったのです。

また当時、テレビでは「油まみれの水鳥」の映像が頻繁に流されていました。米軍は、イラク軍が故意に油田にミサイルを撃ち込み、そこから流れた原油によって身動きがとれなくなった水鳥と説明し、イラクの野蛮な行為の象徴として世界に映像と写真をバラマキました。

しかし、戦争後にこれらの原油は米軍の攻撃で流出したものだと判明しました。誰がこの話を作って流したのかなど、いまだに明らかにされていません。

このような捏造が発覚したことでＰＲ会社は批判を受け、以降ＰＲ業界は信頼を取り戻すために改革を迫られました。

ボスニア紛争で果たした戦争ＰＲ会社の役割

チトー大統領というカリスマ指導者のもと、40年にわたり統一されて存在してきたユーゴスラビア連邦は、指導者の死と冷戦構造の崩壊により多くの民族国家へと分裂していきました。

もともとユーゴスラビア連邦は、モザイク国家として７つの国境、６つの共和国、５つの民族、４つの言語、３つの宗教、２つの文字を持つ、１つの国家などと表現されてきました。

この民族や宗教が入り混じった国が分裂していくのですから対立の激化は必至でした。１９９１年にスロベニア、次いでクロアチアが独立しましたが、これに対し連邦政府軍は軍事力で独立を阻止しようとして、各共和国軍との間で戦闘が始まりました。

当時の連邦政府は、セルビア共和国のミロシェビッチ大統領らセルビア人に実質的に牛耳られており、セルビア人の支配からの脱却を目指す各民族との戦いの構図となっていきました。

１９９２年に独立したボスニア・ヘルツェゴビナは先に独立した国家と違い、圧倒的な多数を占める民族がいなかったため、ムスリム（４割強）、セルビア人（３割強）、クロアチア人（２割弱）の三つ巴の戦いになっていきました。

特にムスリム中心の国家づくりを進めようとすることに反対したセルビア人とそれを強力に支えるセルビア共和国が隣に存在していたいため、内戦が激化しました。

それを打開すべくボスニア・ヘルツェゴビナの外相シライジッチがワシントンを訪れて会ったのが、ＰＲ会社のルーダー・フィン社のジム・ハーフでした。

ルーダー・フィン社は、湾岸戦争で批判されたような捏造によるＰＲなどは行なわず、事実に基づいて世論を形成していきました。

しかしジム・ハーフはジャーナリストではなくＰＲマンです。ですから、クライアントに有利な情報だけを使用し、その逆の情報があってもそれは黙殺して、クライアントに利するように戦略を練っていくのです（つまりホワイト・プロパガンダではなくグレー・プロパガンダです。脚注6および305頁参照）。

朴訥（ぼくとつ）な印象を与えるボスニア政府のシライジッチ外務大臣を、国際メディア映えのするプレゼンターに仕立てていきました。ボスニアが迫害を受けているというさまざまな情報をプレスリリースにまとめて、適切な人物に届けるのです。

その際に使用されたキーワードが「民族浄化（エスニック・クレンジング）」という造語です。そしてその強烈なキーワードを活用し、次第に「セルビア＝悪」という国際世論を醸成していきました。

1995年7月、セレブレニツァでのセルビア人部隊によるムスリム住民に対する大量虐殺行為は民族浄化と捉えられ、人道に反する事件として国際的な非難を浴びました。

NATOが本格的に介入、同年8月〜9月、セルビア人勢力に対して英米空軍が激しい空爆を加え、12月にボスニア・ヘルツェゴビナ和平合意が成立しました。

ジャーナリストの高木徹は「『民族浄化』という言葉がなければ、ボスニア紛争の結末はまったく別のものになっていたに違いない。その後続いたコソボ紛争の結末も違ったものになり、セルビアの権力者ミロシェビッチ元大統領が、ハーグの監獄で失意の日々を送ることもなかっただろう。21世紀の国際政治の姿も、なによりバルカンの多くの人々の運命が違ったモノになっていたはずだ[9]」としています。

このように、PR会社は戦略を進化させ、ロシア・ウクライナ戦争においてもその手腕をいかんなく発揮しています。

ウクライナ情報戦争と戦争PR会社

ウクライナのプロパガンダ組織と戦略

ウクライナのゼレンスキー大統領は、コメディアン出身ということもあり、SNSやテレビ、ビデオなどの媒体を介して動画で訴えることが得意です。その裏には優秀なスピーチライターなどもいるのでしょうが、それらの広報戦略を考えているのはPR会社だと考えられています。

PR会社の戦いでは、その数や資金面などでウクライナがロシアを圧倒しているようです。ロシアの軍事侵攻直後からウクライナ政府は、ウクライナのPR会社バンダ・エージェンシーに広告を依頼しています。バンダが考えたキーワードは「勇敢さ（Bravery）」です。強大な侵略者に立ち向かう勇敢さをアピールし、欧米諸国からの軍事支援を引き出そうとするPR戦略です。バンダは、大国ロシアに対し果敢にも徹底抗戦を掲げるウクライナの象徴としてゼレンスキー大統領を前面に押し出し、「勇敢さ」をアピールするキャンペーンを2022年4月上旬に開始しました。

4月7日、ゼレンスキー大統領の力強い抗戦意思を示す動画をSNS上で発信しました。同大統領は「〝勇敢さ〟こそが私たちのブランドなのです」「〝勇敢さ〟こそが私たちです」とロシアに立ち向かう勇敢さをアピールしています。さらに国際社会に対しても「（国際社会は）勇敢に決断しなければなりません」と訴えています。

開戦当時、ウクライナは兵器が圧倒的に不足していました。欧米からの兵器、弾薬の支援が必要でした。しかし、欧米各国は大規模な軍事支援は、ロシアを刺激すると危惧し、特に大型の兵器供給には後ろ向きでした。

そこで、バンダは欧米各国もウクライナのように勇敢に立ち向かって欲しいと「BE　BRAVE

ＬＩＫＥ　ＵＫＲＡＩＮＥ」のメッセージを世界20か国、１４０都市の看板や電光掲示板に展開し、国際世論に訴えました。バンダ・エージェンシーＣＥＯのドミトリー・アダビは「〝勇敢なウクライナ人が怪物に立ち向かう戦いだ〟と、世界の人々に認識してもらい、心から共感してもらいたかった。世界中の人々がウクライナのために団結するよう促したのです」と語っています。

その狙い通りＰＲ直後から、ツイッター（現Ｘ）で「ゼレンスキー大統領」「勇敢さ」を語る投稿が前日の２００件程度から１６００件以上へと急増しました。

２０２２年４月８日、英国政府は１６０億円の軍事支援を発表。９日にはジョンソン英首相がウクライナを電撃訪問し、経済支援の追加も表明しました[10]（英国によるウクライナの債務保証は７億７０００万ポンド〔約１２４６億円〕）。続いて米政府も大型兵器の支援を決断し、１０００億円規模の支援を行ないました。

バンダのＰＲ戦略が、まさに欧米各国の背中を押す効果があったと専門家は見ています。ウクライナの軍事専門家オレグ・ジダーノフは「言葉は時に、弾丸や砲弾よりもずっと重く強い。この戦争には〝勇敢さ〟というイデオロギーなしで勝つことは不可能だ」と述べています。

ＰＲ会社が主導したＮＳ２反対キャンペーン

２０２２年10月12日、ニューヨークで開催された年間のＰＲキャンペーンを称える表彰式で、カーブ・コミュニケーションズ（KARV Communications）は、ＰＲＮｅｗｓからプラチナ「ＢｅｓｔｉｎＳｈｏｗ」賞を受賞しました。２０２１年半ばから1年にわたるウクライナ石油ガス産業雇用者連盟（ＵＦＥＯＧＩ）のための活動が認められての賞です。

このイベントには３００以上のＰＲ会社が応募し、その中から優秀賞が選ばれます。ファイナリストには、コロナ禍で悪化した子供たちのメンタルヘルスを改善させようといったキャンペーンなどもありましたが、それらを抑えてカーブ・コミュニケーションズが年間大賞に選ばれました。

２０２１年夏頃、カーブ・コミュニケーションズのチームは、ウクライナ国営ガス会社など、石油・ガス企業が加盟するエネルギー協会から依頼を受け、ノルド・ストリーム２（ＮＳ２）パイプラインの稼働を許可することは、ヨーロッパと世界の利益に反するという見解を広めようと努めてきました。

このパイプラインは、ロシアにとって大きな武器になり、これが稼働するとヨーロッパはエネルギーをウラジーミル・プーチンに完全に依存することになると懸念していたからです。

もともと米国は２０１４年のロシアのクリミア併合に端を発する経済制裁をロシアに科し、ＮＳ２の完成を阻止するため、運営する会社に制裁も行なっていました。

しかし、２０２１年、バイデン政権が発足するとロシアとの関係改善を目指すなかで、米国政府はこれらの制裁を解除しました。当時の米国のメディアでは、この問題は過小評価されていました。

カーブ・コミュニケーションズの社長のアンドリュー・フランクは、これは安全保障につながる問題であり、世論を納得させ、議会に働きかける必要がある事項だと考えていました。

そこで、２０２２年1月、ロシアとウクライナの間で緊張が高まった時、強く米政府を批判するメールをマスメディアに一斉に送るなど大規模なキャンペーンを行ないました。同時に外交委員会に属し、強硬派の共和党上院議員（テッド・クルーズ）にも繰り返し接触するなどのロビー活動も行ないました。

2月21日、プーチン大統領がウクライナ東部の親ロシア派武装勢力が実効支配する地域（ドネツク州、ルハンスク州）を「独立国家」として承認しました。このことを受けて、翌22日にドイツ政府は長い間検討していたＮＳ２の運用承認の停止を決定しました。そして、米国政府もパイプライン運営会社および同幹部に制裁を科しました。

24日にロシアがウクライナに侵攻したことで、カーブ・コミュニケーションズがメディアに提供するウクライナの情報やこのノルドストリーム２反対キャンペーンに注目が集まりました。さらに、ウクライナへのＰＲの協力の目的が、エネルギー安全保障の促進から、ウクライナのエネルギー協会とウクライナ政府の擁護へと移行しました。

アンドリュー・フランク社長は、自分たちの戦略的コミュニケーション活動の目的は、時には、自分自身では共有できない人々の意見やストーリーを伝え、増幅するのを助けることだとしています。

「カーブ（コミュニケーションズ）が、この恐ろしい戦争で非常に大きな被害を受けている人々を支援するために行なっているメッセージと米国／EUのメディア対応活動が評価されたことは信じられないほどの栄誉です」

「カーブの賞は『地政学的および人道的危機の中でウクライナの物語を増幅する』という1年にわたるキャンペーンに対するものです」と年間PRキャンペーンでの受賞の喜びを表現しています。

そして2023年1月に報道されたNHKスペシャルでフランク社長は「情報戦は戦争という観点からとても重要だ。何人かの有力な議員が、積極的に私たちのメッセージを広げてくれたことがとても効果的だったと思う。私たちは、サイバー領域の戦争の分野ではプレーヤーではないが、メディアでメッセージを発信する能力では、一定の存在感を発揮できた。とても誇りに思う」とも述べています。[11]

まさに、PRが情報戦の重要な一部を構成しているという証拠です。

PR会社がウクライナを支持する理由

ウクライナ政府は、ウクライナのバンダ・エージェントや米国のカーブ・コミュニケーションズといったPR会社以外にも多くの（主として）米国のロビー企業やPR会社に支援を依頼しています。

米国のシンクタンクで分析官を務めるベン・フリーマンによれば、2021年の1年間にウクライナ関係者から依頼を受けたロビー企業は、議員、メディア、シンクタンクの関係者に1万3000回以上接触したと指摘しています。

その数はロシアに雇われた企業による接触回数の600倍以上だそうです。ウクライナ侵攻が始まるとその企業の数は倍増し、ウクライナ政府が企業に支出した金額は2022年1年間で総額286億ドルに上り、その前年の3倍に増加したとしています。

さらに、ウクライナのために働くPR会社は世界中に拡大しており、それらのPR会社によってウクライナ・コミュニケーション・サポート・ネットワークが設立され、300以上の企業が参加してウクライナが発信するメッセージの拡散を手伝っているとされます。

なぜここまでウクライナのために働く企業が多いのかについて、フリーマンは、そのほうが企業にとってプラスになると考えられているからとして、次のように述べています。

「ウクライナは米国民に圧倒的に支持されていて、米国民もできるかぎり、ウクライナを助けたいと思っている。ロビー企業はそのことを認識していて、ウクライナのために働いている企業だとみられることが、自分たちのプラスになると考えているのだろう」

しかし、そのことは、裏を返せばウクライナに対する各国の国民の支持が低下すれば、企業もメリットがなくなり、ウクライナへの軍事的・経済的支援があっという間に激減してしまうことを意味します。

したがって、ＰＲ会社は今後もウクライナ側に都合のいい話だけを手を変え品を変えて流し、西欧諸国が飽きないように戦略を立ててさまざまなプロジェクトを採用していくことが考えられます。

戦争広告に対する認識の違い

わが国では、一般的には「戦争＝悪」と捉えられており、戦争広告代理店や戦争ＰＲ会社という存在は、戦争を助長する悪いイメージがあります。

しかし、欧米では戦争におけるＰＲも普通のビジネス活動と同様に（ニュートラルなイメージで）捉えられているようです。

ボスニア戦争におけるジム・ハーフも、ウクライナ戦争におけるアンドリュー・フランクもＰＲ会社として自分たちが行なっていることは、当たり前でむしろ弱者を手助けする誇らしいことだと思っているようです。

ＰＲ会社の社員はジャーナリストではありません。したがって、彼らはクライアントにとって都合のいい事実のみを最大限に活用して、それを増幅させた物語を相手に伝える役割を持っているのです。

ＰＲの受け手である我々は、ＰＲ会社のそうした立場や戦略を理解したうえでＰＲや情報に接する必要があります。

「世界の半分以上はウクライナを支持していない」

ウクライナのPR戦略や活動は、ロシアに優っていると述べてきましたが、全世界的に影響や効果があるのでしょうか？　ロシアのウクライナ侵攻を議題とする第11回国際連合緊急特別会合は、2022年2月25日の安全保障理事会でロシアが非難決議案に拒否権を発動したことを受けて招集され、その後、適宜開催されています。

安保理の要請による特別招集は、イスラエルによるゴラン高原併合問題を取りあげた1982年以来40年ぶりです。しかし、この国連総会決議には法的拘束力はないため、国連の総意を示すにとどまります。

2023年2月23日の決議は6回目ですが、それまでの投票結果をみると、次のようになります。[12]

①2022年3月2日、内容「ウクライナへの侵攻について」
賛成：141、反対：5、棄権：35、無投票：12

②2022年3月24日、内容「ウクライナに対する侵攻がもたらした人道的結果について」
賛成：140、反対：5、棄権：38、無投票：10

③2022年4月7日、内容「人権理事会におけるロシア連邦の理事国資格停止について」
賛成：93、反対：24、棄権：58、無投票：18

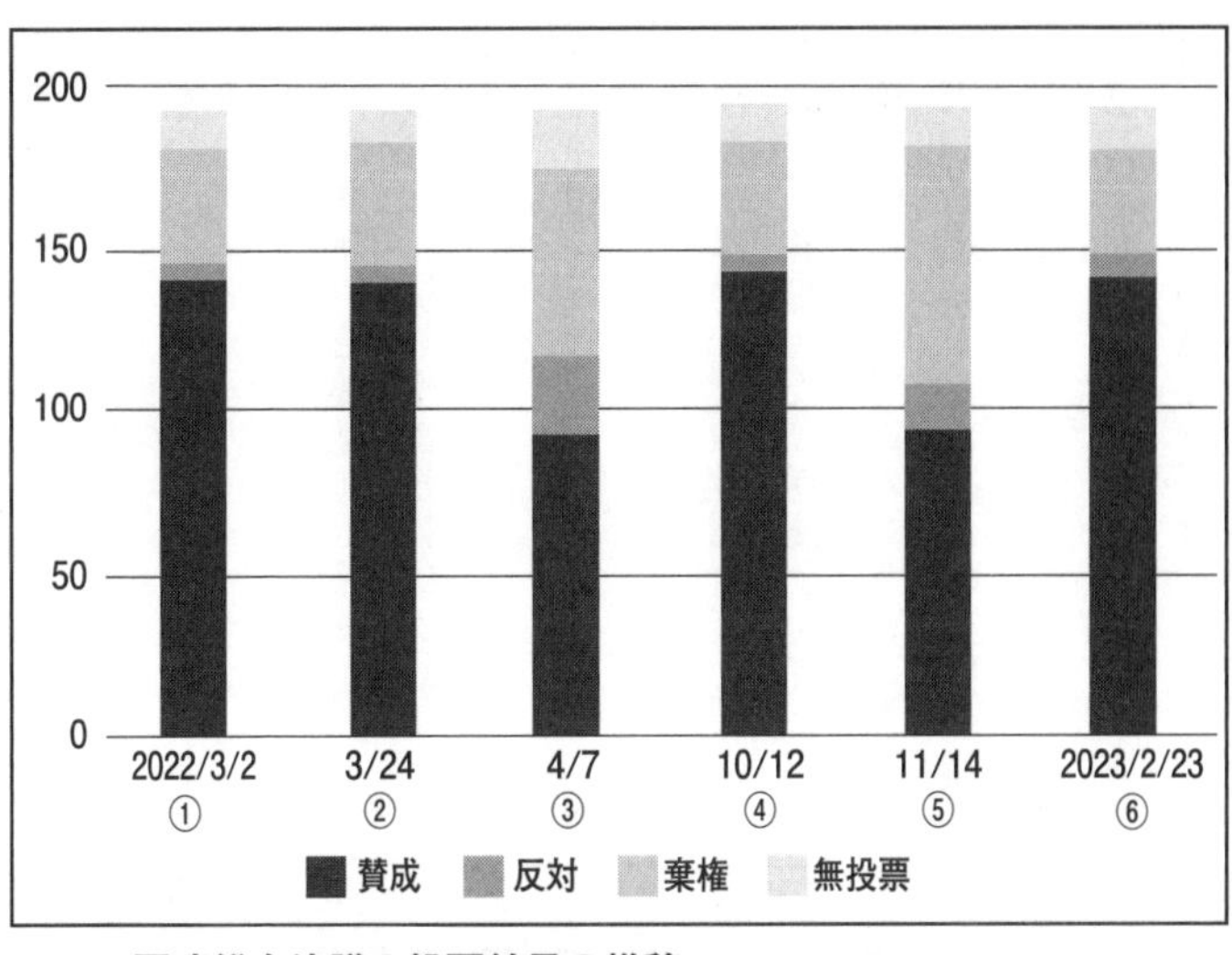

国連総会決議の投票結果の推移（国連資料を基に筆者作成）

④２０２２年10月12日、内容「ウクライナの領土保全：国際連合憲章の原則を守ること」

賛成：１４３、反対：５、棄権：35、無投票：12

⑤２０２２年11月14日、内容「ウクライナに対する侵攻への救済と賠償の推進について」

賛成：94、反対：14、棄権：73、無投票：12

⑥２０２３年２月23日、内容「ロシア軍の撤退や戦争犯罪の調査・訴追、ウクライナの永続的な平和の実現を求める」

賛成：１４１、反対：７、棄権：32、無投票：13

主権や領土の侵害に関する決議（①、②、④、⑥）では賛成国が１４０か国（国連加盟国１９３か国中）を超えています。しかしロシアの権益に関わるような決議（③、⑤）の場合には、賛成国が93と94に対し、反対、棄権および無投票国を合計すれば99と100と賛成国を上回っています。[13]

また、1年前の侵攻直後と比べて賛成国が拡大したわけではなく、むしろ反対国は侵攻直後の5か国（ロシア、ベラルーシ、シリア、エリトリア、北朝鮮）からマリとニカラグアが棄権から反対に転じ、7か国へと増えています。

これら、反対や棄権にはグローバルサウス[14]の投票の動向が影響しています。6回目の2023年2月23日の特別会合の前にはロシアのラブロフ外相は、1月に南アフリカ、エスワティニ、アンゴラ、エリトリアを歴訪、2月にはマリ、モーリタニア、スーダンを歴訪し影響力の維持強化を図っています。

たとえばマリでの外相会談においてラブロフ外相は、武器の供与や数百人の要員派遣といったかたちで、軍事的支援の継続を約束しています。マリにおいては、クーデターで実権を掌握した軍事暫定政権と旧宗主国であるフランスとの関係悪化により、9年にわたり対テロ作戦を展開してきたフランス軍が撤退しました。その空白を埋めるかたちでマリ軍が実施するイスラム過激派の掃討作戦に、ロシアのPMC「ワグネル」の関与が指摘され[15]、マリは特別会合で反対票を投じています。

2月23日の特別会合で、ニカラグア、ベラルーシ、エリトリアなどを代表して演説したベネズエラは「私たちの世界をブロックに分けようとする試みが増えていることを懸念している」などと述べています。[16]

これらの結果をみると、ＰＲ会社によるウクライナの広報戦略は効果があり、ウクライナへの軍事・経済支援を引き出すことには成功していますが、それはグローバルノースを対象としたＰＲによるものです。グローバルサウスには何ら効果がみられません。

特別会合での反対や棄権国をみれば、ロシアのウクライナ侵攻後1年を経ても、ロシアはグローバルサウスへの影響力を保持しています。むしろ、そちらを対象に影響力を強めているようです。

グローバルノースの住民は、欧米のメディアからの情報を目にして、情勢を判断しますが、そうではない世界があることを認識しなければなりません。つまり、ロシアとウクライナの情報戦の対象や戦略はまったく違うのです。

ロシアは、国内での情報の統制、「嘘も百回言えば本当になる」方式の情報の垂れ流し戦略と併せてワグネルのような軍事力を提供することによりグローバルサウスにおいて支持を集めています。「グローバルノースの住民からは見えない領域」で成功しています。

一方のウクライナは「弱い国が強大な侵略国と戦っているという勇敢さを示す」戦略によりグローバルノースを対象として軍事・経済的支援を得ているという構図が浮かび上がってきます。ですから、情報戦全般を見ると、ロシアとウクライナはそれぞれの得意な領域で成果を上げているといえます。

以上のことからマスコミが「ウクライナ侵攻から1年、世界の半分以上はウクライナを支持していない[17]」というタイトルをつけても過言ではないのでしょう。

（1）PR会社と広告代理店とは明確にいえば異なっているが、本稿ではほぼ同義語として使用。
（2）〝宣伝〟の原語である〝プロパガンダ〟には、カトリックの教えを広めるという意味があったが、1930年代以降ナチス・ドイツがプロパガンダの名のもとに狂信的な政治宣伝を展開したため、プロパガンダに悪いイメージが付いたので、〝PR〟と呼び替えられたりした。日本では悪いニュアンスはなく、広告やPRと同じ意味で用いられている。『改訂 新広告用語事典』（電通、2001年）
（3）日本ではPRを広告、広報、宣伝と同一視されることもある。『改訂 新広告用語事典』（電通、2001年）
（4）東洋経済ONLINE「日本のイメージが世界で改善し続けている事情―安倍政権が試みる広報戦略の強みと弱み」（桒原響子 未来工学研究所研究員、2019年5月8日）参考。
（5）『改訂 新広告用語事典』（電通、2001年）
（6）プロパガンダは古くから行なわれ、大きく次の三つに区分される。事実で構成されたホワイト・プロパガンダ、宣伝目的を達成するように不都合な情報を隠して伝えるグレー・プロパガンダ、情報機関などが特別の目的をもって伝える嘘や作り事で構成されたブラック・プロパガンダ。
（7）アンヌ・モレリ『戦争プロパガンダ10の法則』（草思社文庫、2015年）
（8）「イラクの兵士が、病院の中に入ってくるのを見ました。彼らによって、赤ん坊は保育器から取り出され、冷たい床に放置されて死んでいきました」（ナイラの証言）
（9）高木徹『ドキュメント戦争広告代理店―情報操作とボスニア紛争』（講談社、2002年）
（10）BBC（2022年4月10日）

（11）ＮＨＫスペシャル 混迷の世紀 第6回「〝情報戦〟ロシアVS.ウクライナ～知られざる攻防（2023年1月15日放送）、ＮＨＫスペシャル〝情報戦〟ロシアVS.ウクライナ取材班「ロシアVS.ウクライナの情報戦、そのウラで世界の『広告代理店』が仕掛けていたこと」（現代ビジネス、2023年1月18日）

（12）United Nations Digital Library にて検索。https://digitallibrary.un.org/?ln=en

（13）坂本正弘、日本国際フォーラム「ロシアのウクライナ侵攻に関する国連決議に見るロシアの国際的評価」（2022年12月1日）参考。

（14）一般的にはグローバルサウスは「途上国」とほぼ同様の意味で用いられる。アフリカ、ラテンアメリカ、アジアの新興国などが当てはまり、国際連合は77の国と中国をグローバルサウスに分類している。対義語として、経済的に豊かである国々をグローバルノースと呼んでいる。またバージニア大学のアン・ガーランド・マーラー准教授によると、グローバルサウスの定義は三つある。

1、冷戦後の「第三世界」に代わる呼び方。資本主義のグローバリゼーションによってマイナスの影響を被る人々や場所を指す。

2、地理で南に位置しているかにかかわらず、豊かな国かどうかの境界線を表す。単に「サウス」ではなく、「グローバル」が付くことで、地理的には南半球に位置していても経済的に豊かな国との混同を取り除くためである（たとえばオーストラリアやニュージーランドなどが当てはまる）。

3、北半球にもグローバルサウスは存在するという見方から派生した第三の定義として、「複数の『サウス』が互いに認め合い、どの『サウス』にも共通する条件について考えるグローバルな政治的コミュニティ」（たとえば「人類の4分の3が私たちの国々［グローバルサウス］に住んでいるのですから、相応の発言力が必要です」（2023年1月中旬、125か国の代表がオンラインで参加した「グローバルサウスの声サミット」での席上でのインドのモディ首相の開会式での発言などに見られる）。

（15）篠田英朗『「ロシアの侵略」を非難する国連総会決議に「反対票」を投じた「6つの国」と「中立国」の思惑』（現代ビジネス 2023年3月1日配信）https://gendai.media/articles/-/106783 参考
（16）「米欧、グローバルサウスの支持確保に苦心 国連総会決議 インドなど32カ国が棄権」（日本経済新聞 2023年2月24日）
（17）「ウクライナ侵攻から1年、世界の半分以上はウクライナを支持していない」（ニューズウィーク 2023年3月6日）「デジタル権威主義とネット世論操作」（一田和樹コラム）参考。

第11章 フェイクニュースを見破る

ニューメディア時代の情報戦

受け手側が圧倒的に不利

これまで、ロシア・ウクライナ戦争における情報戦について述べてきました。ロシアやウクライナはもちろん、それぞれの国家の情報組織は日々この厳しい戦いに負けないように組織を挙げて戦っています。

第4章でも述べたように、フェイクニュースは、①誤情報（Mis-information）、②偽情報（Dis-information）、③悪意ある情報／不正情報（Mal-information）からなっています。

①の誤情報以外、フェイクニュースを発信する側は悪意を持って人を騙そうとしており、戦争にな

ればさらに多様な手段を用いて敵を騙そうとします。

一方、情報の受け手はあまりにも無防備です。そもそも情報が正しいかフェイクかどうかわからないのですから、受け手は圧倒的に不利です。

もともと人間はバイアスに陥りやすく、そこから抜け出すことが困難だという特性があります。それは、インテリジェンス機関の人間も同様です。また、同じ民族や組織に属している人たちは、同じような考え方をしがちで、集団思考に陥りやすい面があります。

そこで、インテリジェンス機関では、情報を収集し分析する際にそのようなバイアスや集団思考に陥らないような工夫を行なっています。その一つが「インテリジェンスサイクル」と呼ばれる恒常的な業務手順です（237頁参照）。

インテリジェンス機関に属さない人でも、このインテリジェンスサイクルを理解していれば、フェイクニュースから身を守るのに役立ちます。

本章はやや理論的な説明になりますが、ニューメディアの特徴やその特徴ゆえに陥りやすいバイアスについて述べたあと、フェイクニュースに騙されないためのノウハウを紹介します。

若者のインターネット利用の実態

テレビや新聞などのメディアはオールドメディアと呼ばれ、ＳＮＳなどに代表されるメディアはニューメディアと呼称されています。ニューメディアはオールドメディアと違って、ジャーナリストのような専門的訓練を経験していない人でも情報発信できるため、誤情報が多いのが特徴です。

2022年8月、米国の非営利調査機関（pew research center）が13〜17歳の若者を対象にインターネット利用の調査結果を発表しました。結果は1位がユーチューブ（YouTube）で95パーセント、2位はティックトック（TikTok）で67パーセント、3位はインスタグラム（Instagram）で62パーセントでした。

ティックトックは2017年以降、中国以外の地域でも提供が始まり使用者が急増し、2022年には13〜17歳の米国の若者の10人に6人以上が使用したことがあり、若者全体の16パーセントがほぼ常時使用していると回答しています。

また、同機関によれば、かつて十代の若者に支持を受けていたフェイスブック（Facebook）を使用していると答えた割合は2014年から15年の調査の71パーセントから2022年には32パーセントに急減しました。

ティックトック急増とその問題点

この調査結果にみられるようにティックトックは若者の間で急速に普及しましたが、中国発の動画共有アプリであるため、仕掛けられたバッグドア（裏口）からユーザーデータに中国政府がアクセスしている可能性があり、安全保障上問題があるという点が懸念されるようになってきました。

２０２３年３月27日、ホワイトハウスは、連邦政府機関全体に対して30日以内にすべての公的なデバイスからティックトックを削除するよう命令を出しました。[1] ５月17日、アメリカでは、モンタナ州が個人用デバイスでのティックトックを禁止した最初の州となりました。

ところが、モンタナ州の禁止令に強い反対運動が起きました。５月23日、ティックトックの運営会社は、この新法について合衆国憲法修正第１条が保証する表現の自由に対する権利を侵害するとして州政府を訴えました。米国自由人権協会（ＡＣＬＵ）も、この禁止令は違憲であるとする声明を発表しています。

11月30日、米連邦地方裁判所は、モンタナ州が２０２４年１月としていた法律の施行の仮差し止めを命じました。ティックトックの運営会社の意見を認め、アプリの利用制限は住民の自由を損なうと判断したのです。ただし、11月の命令は差し止めを最終的に決めるものではなく、訴訟は継続するようです。

実際のところ、一般人への法律の適用は難しいため、連邦レベルでティックトックを禁止することには疑義が生じています。

ところでティックトックには次のような特徴があります。

①短尺動画を投稿／共有できるサービスである。

アプリ内で動画の撮影・編集・投稿が一貫して行なえるので、ほかのプラットフォームで短尺動画を投稿するよりもユーザーにとって利便性が高い。

②おすすめ機能で好みに合ったコンテンツが簡単に見られる。

ユーザーは動画を探す手間なく、好みの動画を次々と視聴できる。おすすめ機能はユーチューブなどほかのSNSでも取り入れられているが、ティックトックはその精度が特に高いとされている。

③ダンス、コスメ、グルメ、ハウツーものなどさまざまなジャンルがある。

このような特徴は、特に〝Z世代〟に受け入れられやすいため利用者が急増したと思われます。今後はほかのSNSの普及過程と同様に、若者からそれ以降の世代に広がっていくでしょう。

ところが、このように誰でも手軽に投稿できるうえ、短い動画が多いことも要因となり、ティックトックには誤情報が多いという問題が指摘されています。

2022年9月、信頼性を評価する米メディア監視組織「ニューズガード（News Guard）」は、ティックトックに関するレポートを公開しました。それによると、新型コロナウイルス感染症、ウクライナ侵攻などを検索すると、「上位に出てくる動画の19・5パーセントに、誤情報または誤解を招く主張が含まれている」という結果でした。

ニューズガードによる調査は、検索機能で上位に表示される動画の真偽を確かめたもので、話題性の高いキーワードを選び、それぞれ上位20位までの動画、計540本の内容をファクトチェックしたところ、5本に1本に相当する105本に疑義があったというのです。

日本でもティックトック利用者が急増

このようなティックトックの傾向は日本でも同様です。2023年6月に出された日本の総務省の「令和4年度情報通信メディアの利用時間と情報行動に関する調査報告書」によると、10代の使用頻度は、1位がユーチューブの96・4パーセント、2位はLINEの93・6パーセント、3位はインスタグラムの70パーセント、4位はティックトックで66・4パーセントです。米国と同じように10人中6人以上がティックトックを利用しています。

さらにティックトック動画の真偽についてもニューズガードの調査と同様の傾向が見られます。宮崎県都城市総合政策部デジタル統括課が運営しているウェブメディアの『ThinK都城』の記事によれば、

「新型コロナワクチンとティックトックで検索すると日本語コンテンツの上位に『新型コロナワクチン打ちますか？』と題した動画が出てきたといいます（2022年11月末の検索）。その動画では、『昨年末、全国の医師約7000人を対象に実施したアンケートで、ワクチンを摂取したいと回答したのは何パーセントでしょうか？　じつはたったの35パーセント。また30パーセントの医師は受

けたくないと回答。その理由の圧倒的1位はワクチンの安全性がまだ確立していないから……』と薬剤師がテンポよく語ります。（中略）この動画に対して『いいね！』の数は2638件。しかし、その薬剤師が根拠としている調査を確認すると、『早期にワクチンの接種を受けたい』と回答した医師が35パーセント、『早期に接種を受けたくない』が30パーセントで、TikTokの動画では『早期に』の表現が抜けていました」

そして、同記事には「仮にニューズガードがこの動画を検証したとしたら、『誤解を招く』と判断する可能性は高い」とあります（同記事で紹介された動画「1分でわかるTikTok健康講座 新型コロナワクチンに関する情報[2]」は2021年2月16日に投稿）

情報源がオールドメディアからニューメディアへ移行

さらに、前述の総務省の報告書を見ると、テレビ（リアルタイム視聴）とインターネットの平日における全年代の利用時間の平均は、2020（令和2）年度に逆転し、その差は年々開いています。そして2022年度には、休日の利用時間も逆転しました。

全年代の平日のテレビの利用時間は1日に2時間15分、インターネットは約3時間です。ラジオは8分、新聞は6分とインターネットの約30分の1です。

ただし、年代別にみると、50代、60代では、インターネットよりもテレビの利用時間のほうがまだ多く、ラジオ、新聞もほかの年代に比べれば多い結果になっています。10代から20代のテレビ視聴時間が1日平均1時間程度なのに対し、50代から60代では3時間20分近くになっています。

10代から20代はインターネットの利用時間が長く、1日に4時間近くにも及んでいます。若年層ほどテレビからインターネット利用へと移行していることがわかります。

また、インターネットの利用では、SNSの利用の割合が年々多くなっています。そして、インターネットの利用デバイスは、すべての年代でパソコンよりもスマートフォンの利用が多いのが実態です。

このように、新聞、テレビといったオールドメディアよりもSNSといったニューメディアからスマートフォンを使っての情報の入手が多くなってきています。この状況は、10代から30代が顕著で先行していますが、それ以降の年代も傾向は同じです。

フィルターバブル現象とエコーチェンバー現象

人間が嘘の情報を信じる理由の一つに「認知バイアス」があります。これは、ある対象を評価する際に、自分の利害や希望に沿った方向に考えが偏ったり、対象の目立つ特徴に引きずられて、ほかの特徴についての評価がゆがめられる現象です。

認知バイアスそのものは、オールドメディア時代からありましたが、いまニューメディア時代の認

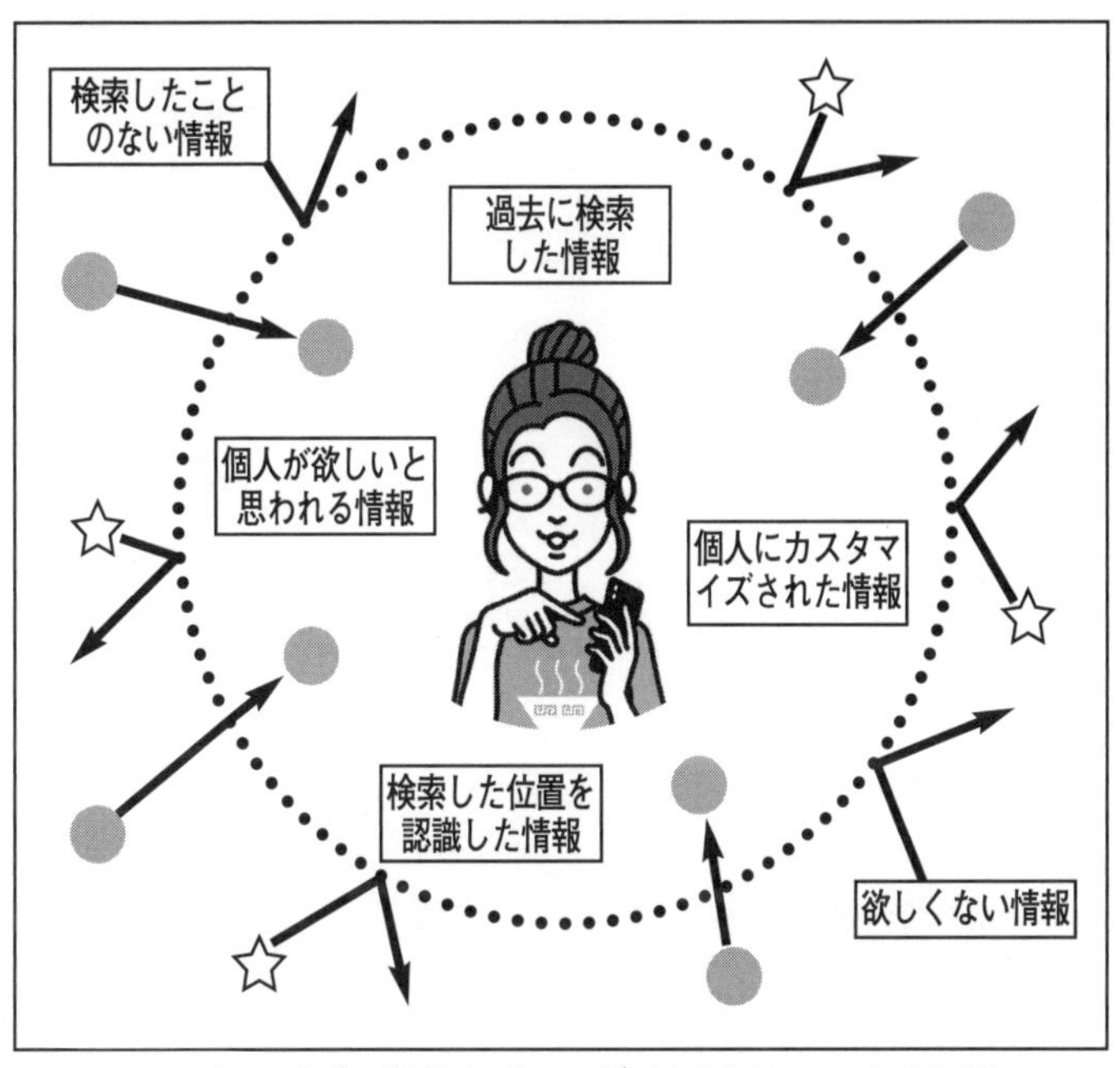

フィルターバブル現象のイメージ（各種資料を基に筆者作成）

知バイアスとして注目されているのが、フィルターバブル現象とエコーチェンバー現象です。

まず、フィルターバブル現象とは、SNSや検索サイトの最適化アルゴリズムがつくるバブル（その空間を泡に見立てて表現）に囲まれて、それ以外の情報にアクセスしにくく（フィルタリング）なることです。見たい情報ばかりが見え、ほかにはどのような情報があるかわからず、視野が狭くなることです。

つまりネットやSNSで同じようなサイトや動画を見ていると、アルゴリズムにより自分の興味がある情報、お好み情報がタイムラインに表示される

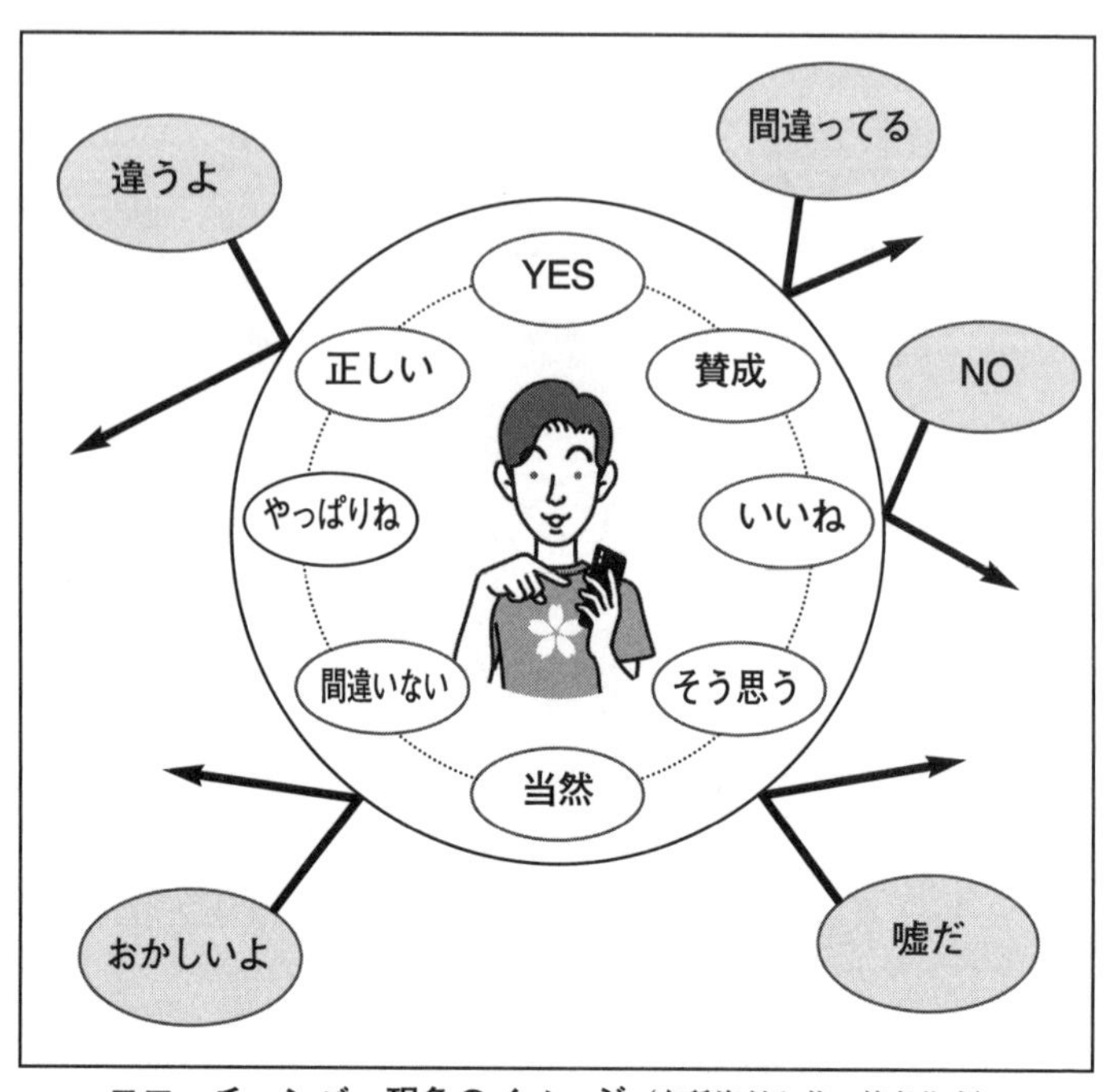

エコーチェンバー現象のイメージ（各種資料を基に筆者作成）

ことです。

ティックトックは、この機能の精度が高いとされているのです。

次に、エコーチェンバー現象ですが、エコーチェンバーとは、反響室、残響室のことで、音楽の録音などに適した部屋のことです。エコーチェンバーでは、いったん音が発せられるといつまでも反響し、最初に発せられた音が長時間残ります。

これと同様にエコーチェンバー現象は、ネットの中で発せられた極端な意見や誤情報がいつまでも残って繰り返され、それらがより強化されることを表現したものです。

このフィルターバブル現象とエコー

チェンバー現象は、よく似た概念ですが、両者の違いはフィルターバブル現象がシステムによって外から作られた概念であるのに対し、エコーチェンバー現象は心地よい情報環境を自ら作り出した空間だということです。

では、これらの現象が実社会においてどのような影響を及ぼしているか実例を挙げて説明しましょう。

仲間内だけで自分たちの主張を強化

米英NGOのデジタルヘイト対策センター（CCDH）によれば、新型コロナウイルスのワクチンに関するデマを流した集団がウクライナ関連の誤情報を積極的に拡散した傾向がみられるといいます。親ロシア派のSNS投稿は、ワクチンの誤情報を発信するグループに多く共有されているからです。これらの発信者は自身の存在をアピールし、同じ主張を持つ新たな仲間を募る狙いがあるといいます[3]。

CCDHの最高経営責任者（CEO）のイムラン・アーメドは「コロナが闇のエリート組織による陰謀だと考える人にとって、ウクライナ侵攻も同じ陰謀の一つであり、根底で（両者の）考え方がつながっていて共鳴しやすい」からだと指摘しています。

日本においても同様の現象が起きています。『日本経済新聞』が東京大学の鳥海不二夫教授と共同で、2022年1月1日～3月5日に「ウクライナ」「ロシア」「プーチン」と「ナチ」という言葉をあわせてつぶやいた投稿を調べました。すると75のアカウントによる228件の投稿で「ウクライナはネオナチだ」とロシアのプロパガンダに沿った主張が見つかりました。

投稿の内容は「ウクライナ政権はネオナチに乗っ取られている」「日本はナチス政権を支持するのか」といったものが中心でした。228件の投稿はリツイート機能で増幅し、3万回以上も拡散していました。

75のアカウントの投稿はフォロワーなどに共有され、拡散者は約1万1000アカウントにのぼります。またその9割はワクチンを否定するツイートも共有していたとされます。

さらに、この75のアカウントの投稿者を分析したところ、約8割が「新型コロナウイルスのワクチンにはマイクロチップが入っている」「ワクチンは不妊につながる」などの誤情報を過去に発信していたことがわかりました。これらの情報は厚生労働省などが「事実ではない」と否定しています。

鳥海教授はこうしたアカウントの保有者について「政府やメディアが否定する情報をむしろ信じる傾向にある」と分析します。SNSで飛び交う真偽不明の情報は特定のアカウントによって集中的に発信や拡散される場合があるようです。

さらにその発信者の内訳をみると、陰謀論者37パーセント、反米主義者13パーセント、愛国主義者12パーセント、スピリチュアル思想の支持者10パーセント、反グローバリズムの支持者8パーセント、ドナルド・トランプ支持者8パーセント、その他12パーセントとなっています。

そして特徴的なことは、主張が異なるグループどうしは、同じキーワードを使いながらもＳＮＳ内で断絶していることが多いようです。これについて鳥海教授は「（いずれのアカウントも）発信は仲間内向けで、意見の違う人どうしが議論することは少ない」と分析しています。[4]

これらの現状を見ると、まさにフィルターバブル現象によって自らの主張に都合のよい情報だけを入手し、エコーチェンバー現象によって、仲間内で自分たちの主張を強化し、場合によっては、行動を起こして事件にまで発展していることがみえてきます。

有名な事例としては、２０１６年の米大統領選挙中に、「ヒラリー・クリントン候補陣営の関係者が人身売買や児童性的虐待に関与している」といった偽情報が拡散し、それを真に受けた青年が、実際にピザ店に押し入り発砲した事件。２０２０年の米大統領選挙中に「バイデン氏による不正が行なわれた」などの偽情報が広まり、２０２１年１月６日にトランプ氏の支持者たちが連邦議会を襲撃した事件などがあります。

インテリジェンスサイクル

情報を格付けする

そもそもフェイクニュースに騙されないようにすることは困難です。さらに生成ＡＩを使ったディ

ープ・フェイク動画なども現れ[5]、ますます難しくなっています。

そこで、フェイクニュースに騙されない、あるいは騙されにくくするには「インテリジェンスサイクル」の作業が有効です。

インテリジェンスサイクルとは、情報要求（計画）に基づき、情報（インフォメーション）を収集・処理し、分析・統合されてその結果としてプロダクトが作成され配布される一連の過程のことです。

インテリジェンスサイクル
（各種資料を基に筆者作成）

そしてプロダクトが配布されるとまた新たな情報要求が発生し、この過程が繰り返されることからサイクルと呼ばれています。

図示すると右図のようになります。この過程の中で、特に情報の「処理」や「分析」のノウハウが役立ちます。

情報の処理は、収集した情報源の信頼性と情報の内容の確実性を格付けし、さらにそれらを整理する作業です。情報源の信頼性をアルファベットのA～Fの6段階、情報の内容の確実性を数字の1～

資料源の信頼性（reliability）：A～F

A	：信頼できる	(Reliable)
B	：おおむね信頼できる	(Usually reliable)
C	：かなり信頼できる	(Fairy reliable)
D	：必ずしも信頼できない	(Not usually reliable)
E	：信頼できない	(Unreliable)
F	：信頼性を判定できない	(Cannot be judged or Doubtfully true)

情報（インフォメーション）の確実性（credibility）：1～6

1	：真実と確認できる	(Confirm)
2	：たぶん真実	(Fairy true)
3	：おそらく真実	(Possibly true)
4	：真実が疑わしい	(Doubtfully true)
5	：ありそうにない	(Improbable)
6	：真実かどうか判定できない	(Cannot be judged)

情報の処理・格付けの評価基準

（『インテリジェンス用語事典』を基に筆者作成）

6の6段階に格付けします。

この処理をした情報の中で次の分析・作成の段階に使用できるのは、信頼性がC、確実性が3以上のものです。ですから、これらはフェイクニュースではないと評価できたものと考えることができます。

誤情報は正しい情報より早く伝わる

情報の処理について、インテリジェンスの解説書では、格付けのための評価基準については紹介されていますが、その方法についての記述はありません。インテリジェンスコミュニティーのメンバーは、仕事を通じて、いわゆるＯＪＴ（オン・ザ・ジョブ・トレーニング）で具体的な要領を学びます。

以前は、新聞や文献といった資料を丹念に読み込み、過去との比較により変化を見いだし、先輩などに確認し、経験によって何となく格付けし、必要なものをファイリングしていくというやり方が基本でした。

特に冷戦時代の西側諸国の分析官にとっては、西側にとって最も脅威であり、情報収集・分析の主対象はソ連でした。そして、そのソ連については、入手できる情報が限られていました。そこで、主に要人の発言に関するテレビやラジオ放送、『プラウダ』などの党の機関紙といった極めて制限された情報を、従来と文言が変わったとか、党内の要人の立ち位置や名簿に記載される序列が変わったなどの細かな変化で分析していました。経験をもとに、丹念に行間を読み解いて真偽を判定して分類し、ファイル化していく地道な作業です。

したがって、特定の地域や事象について、また資料源に関する一定の基礎知識を有する人が経験を積むことによって、情報源の信頼性も自然とチェックできるようになっていったのです。

しかし、その方法では、時間がかかりすぎますし、インターネットなどで膨大な情報が流れてくる状況に対応するのは困難です。そこでより素早く情報を処理する方法が求められています。しかし、そのようなノウハウを教えてくれる教科書はありません。

そこで、筆者のこれまでの実務経験、文献、インターネットで得られたものを基に情報処理の方法を紹介したいと思います。

特に誤情報の伝わる速度は、正しい情報の伝達に比べて早いというデータがあります。２０１８

年、米科学誌『サイエンス』に掲載されたマサチューセッツ工科大学が実施したツイッター（現X）に関する研究成果によると、誤情報やフェイクニュースが10回リツイートされる速度は、正しい情報に比べて約20倍も速く、１５００人に伝わる速度は正しい情報が伝わる速度の6倍速かったとされています。

「誤った情報は驚きを生む」→「驚きは反射的な行動につながる」→「その結果、拡散のスピードもアップする」という構図です。そのために、より早く情報を処理し、フェイクニュースを排除することが必要なのです。

情報処理の第一段階――個々の情報をふるいにかける

情報処理の段階を大きく二段階に区分します。第一段階は、そもそも入手した情報が、インテリジェンス・プロダクトの作成に役立つかどうか（必要性、適切性）を大まかに判定する作業です。それを踏まえて第二段階では、役立つ情報の内容を精査する作業です。

①タイトルだけで判断しない

第一段階では、まず記事などのタイトルや本文の最初の部分（リード）をチェックします。そこを読めば、大体プロダクト作成に役に立つかどうかはわかります。ネットでは特に人目を引くために大

正　確	事実の誤りはなく、重要な要素が欠けていない。
ほぼ正確	一部は不正確だが、主要な部分・根幹に誤りはない。
ミスリード	一見事実と異なることは言っていないが、釣り見出しや重要な事実の欠落などにより、誤解を与える余地が大きい。
不正確	正確な部分と不正確な部分が混じっていて、全体として正確性が欠如している。
根拠不明	誤りとは証明できないが、証拠・根拠がないか、非常に乏しい。
誤　り	すべて、もしくは根幹部分に事実の誤りがある。
虚　偽	すべて、もしくは根幹部分に事実の誤りがあり、事実ではないと知りながら伝えた疑いが濃厚。
判定留保	真偽を証明することが困難。誤りの可能性は高くないが、否定することもできない。
検証対象外	意見や主観的な認識・評価に関することであり、真偽を証明・解明できる事柄ではない。

情報の真実性・正確性の判定基準（レーティング）

げさなタイトルを付けたり、決まっていないことを断定的に表現するタイトルが少なくありません。リードを読んだ時点で役に立ちそうもないと判断したら、それ以上精査する必要はありません。

②ファクトチェック機関のレーティング活用する

役立ちそうと判断したら、その情報の真偽を判定します。自分の専門分野（地域）であれば、真偽は比較的簡単に判定できますが、専門外の情報の場合は、ファクトチェック機関のサイトで調べることができます。

国際ファクトチェックネットワーク（IFCN：International Fact-Checking Network）は、ファクトチェック活動の5原則（「非党派性と公正性」「情報源の基準と透明性」「資金源と組織の透明性」「検証方法の基準と透明性」「オープンで誠実な訂正方針」）に基づいて活動しています。[6]日本でも複数の団体（InFact、日本ファクトチェックセンター〔JFC〕、リトマスなど）が加盟して活動しています。

ただし、すべての情報をチェックできるわけではありません。日本のファクトチェック機関は「新型コロナウイルス」「ウクライナ戦争」「イスラエル・パレスチナ紛争」や「政治家の話題性のある発言」など、その時々の情勢に応じた主要な事象に関する報道やSNSでのコメントなどをチェックしているようです。

ファクトチェック機関のサイトでは、対象の言説に関する真実性・正確性の判定基準（レーティング）と、そう判断した説明や情報（源）が記載されています。ただし、レーティングだけをうのみにするのではなく、なぜそのレーティングに至ったか、その根拠となった情報（源）は何かを確認し、最終的には自ら判定することが大事です。

③ウィキペディアを活用する

ファクトチェック機関が扱っていない記事で、なじみのないメディアや人物の発言などの真偽を判定するには、ウィキペディアが参考になります。記事を読む前に対象となるメディアや投稿者の考え方などを把握することは、その記事に本格的に時間をかける価値があるかどうかの判断に役立ちます。

ウィキペディアには誤情報も多いため、論文などの引用には使えないとされます。確かにウィキペディアを直接引用元とすることはできませんが、特定の記事などからそのニュースを発している組織の立場や考え方を容易に把握できます。また、いろいろな事象などに関するコメントなどの根拠となる情報源を明示することが原則となっているので活用できます。

まずチェックしたウェブページのURLの最初のドメインの後に「スペースを入れ、ウィキペディア(またはWikipedia)と入力」すれば、ウィキペディアの情報がトップに現れます。その情報を発信している組織の概要が記載され、関連情報なども表示されるため、情報処理の第二段階へ進むかどうかの判断ができます。この作業が早くできるようになると、より重要な作業に多くの時間を費やすことができます。

たとえば、2022年3月7日にロシアの『スプートニク』がツイッター(現X)で「ロシアとの国境付近でウクライナが生物兵器を開発、米国防総省が資金援助(露国防省)」との情報を流しました。ネットのスプートニク日本語版にも出ています。(7)

そこで「https://sputniknews.jp ウィキペディア」と入れて検索したところ、スプートニク通信社(SPUTNIK)の項目が最初に出ます。スプートニクはロシア語による24時間ラジオ放送以外に、海外向けに30か国語のニュースサイトを有していることがわかります。「ロシアおよび世界のニュースをロシア語から日本語を含む各国言語に翻訳して伝えるほか、スプートニク記者によるオリジナルコンテンツも配信している。（中略）基本的にロシア政府から指示された内容やロシアの方針に沿う報道を行っている」とされています。

また、２０１５年からスプートニク日本版が始まったこともわかり、１６年の米大統領選挙、１７年のフランス大統領選挙においてフェイクニュースを拡散した疑惑がもたれています。さらに２２年３月、ＥＵが同社に対しロシア・トゥデイ（ＲＴ）とともに禁止令を正式に採択・発効したことも記されており、これらの内容の根拠となる情報は脚注に示されています。

このようにウィキペディアの概要から判断すると、スプートニクやＲＴは情報源としての信頼性は低く、その記事は分析に役に立たないと判断できます。

④ＳＮＳのアカウント名をチェックする

情報がＳＮＳの投稿や拡散したものであれば、オリジナルの投稿をしている人のアカウント名などからそれ以外の投稿内容を確認します。ふだんからふざけたツイートを繰り返していたり、信ぴょう性の低い情報などを拡散させていたりしたら、その内容を信じずに情報源とすることもやめます。

情報処理の第二段階――本格的なチェック

第一段階で分析に使えそうなものが選定されたら、次は内容の正確性のチェックです。情報源の信頼性は高くても内容的に間違っていることもあります。情報源の信頼性と情報の内容の正確性の評価は別ものです。

①一次資料を確認する

まず一次資料を確認します。一次資料とは、元の資料や原典、文献、各情報収集源が直接入手した文書、談話などを指します。それらを使用して書かれた文章などは二次資料、さらに三次資料といいます。

報道記事などで「○○によれば」というように、「誰々から聞いた」「どこのニュースソースを基にした」などと記載されていたら、可能な限り一次資料にあたります。報道では、都合のいい部分だけ切り取ったり、本来の趣旨と外れていたり、出典が外国の報道や文献の場合は誤訳などがあるからです。

②情報のチェックは「斜め読み・横読み・縦読み」の順で行なう

一つの情報源からの情報（記事）だけでなく、ほかの情報源からの情報も確認します。いわゆるクロスチェックをすることで、記事の内容の矛盾や初期情報の誤りなども見つかります。

クロスチェックする際、できるだけ短時間で確認することが重要で、まず「斜め読み・拾い読み(Skimming, Scanning)」をします。

斜め読みで価値がありそうだと思っても、すぐに情報に飛びついて一つの記事を深読みしてはいけません。

クロスチェックのために集めている同じようなテーマや内容、関連記事を横断的に読む。つまり「横読み(Lateral Reading)」することが有効です。ネットの場合も、タブを複数開いて横断的に読みます。この際、各情報を比較し特に異なる点に注意しながら読みます。[8]

そこで、最も確からしい記事を、ピックアップして最初から最後までじっくり「縦読み(Vertical Reading)」します(ネットは縦にスクロールすることが多いのでこう表現します)。

最初から「縦読み」して特定のウェブサイトなどの記事に集中しすぎると、そのウェブサイトや投稿がたまたま偽情報や誤情報を流している場合、先入観にとらわれてしまう可能性があるからです。

したがって、最初から一つの情報にこだわりすぎるのは危険で、時間の無駄です。

たとえば2022年3月、ロシア軍がキーウ近郊のブチャを撤退したあと、ウクライナ側が市内を撮影した映像には、道路の両側に放置された遺体が映っていました。ロシア系の報道では、これらの動画は「ブチャで、遺体を偽装したやらせビデオ」であり、「映っているのは本物の遺体ではない」

と主張しました。

このロシア系の報道の真偽を見極める最善の方法は、その報道を深く調査するのではなく、この事象に関するほかの情報源を探しにいくことです。いったんロシア系の当該サイトから離れ、検索エンジンで「ブチャ　戦闘　遺体」などと検索し、それぞれの情報を「横読み」しながら、より確度の高い事実を探るのです。

③画像検索する

情報として画像などが使われている場合は、画像検索するのも有効です。

たとえば、2016年4月14日、最大震度7を記録した熊本地震において、地震から約25分後の午後9時52分、「おいふざけんな、地震のせいでうちの近くの動物園からライオンが放たれたんだが熊本」というテキストとともにライオンが道路を歩いている画像がツイッターに投稿されました。

その投稿は2万回以上リツイートされ、投稿者本人は「やっべぇぇぇ、リツイート楽しい」「2まんあざーっす！」などと投稿していました。

この画像をグーグルで検索すると、すぐにリツイートしている人もいれば、次頁の写真のように否定記事を書いている人もいます。結局、元画像は南アフリカ共和国のヨハネスブルグで撮影された映画の一部だということが判明しました。[9]

画像検索するだけでなく、投稿された写真を拡大してみると、映っている縦型信号機は日本では見かけないタイプで、路側帯や横断歩道のラインが日本のものと違っていることが見て取れます。さらに路肩のブロックに通りの名称が英語表記（JORISSEN ST）なのもわかります。

なお2022年7月20日、このツイートをした神奈川県在住の会社員の男性は偽計業務妨害の疑いで熊本県警に逮捕されました。

熊本の動物園からライオンが逃げ出したというツイートが大量に拡散されてるけど、これは「ヨハネスブルグは世界一治安が悪い」というので使われていた外国の画像。熊本の人たちを混乱させてしまうから不謹慎なデマ広めるのはやめてほしいππ

おいふざけんな、地震のせいで
うちの近くの動物園からライオン放たれたんだが
熊本

ヨハネスブルグは世界一治安が悪いと聞いてはいたが、ここまでとは思わなかった。

10:44 PM · Apr 14, 2016

640 Reply Share

画像検索で情報の嘘が見破られた実例
（The Huffington Post,2016年4月15日）

④違和感があれば立ち止まって考える

ロシア・ウクライナ戦争でも画像の加工は頻繁に行なわれています。第5章で紹介したように、ロシア軍機を首都キーウ上空で次々に撃墜したとして、SNS上で有名になったウクライナ空軍のパイロット「キーウの幽霊」は、国民の士気を支え、高揚させるのに一役買いました。

その発端となったのは、ネット上に出回ったミグ29戦闘機によるスホーイ27撃墜の動画でした。しかし、ファクトチェック機関が調べたところ元の動画は、2008年にリリースされたシミュレーションゲームで作成されたもので、非常に精巧に作られているため、ゲームに精通している人でなければ気づきませんでした。

意図的に加工された画像の真贋を見極めるのは難しいですが、少しでも何か違和感を感じた画像やコメントにはすぐに飛びつかず、他人に伝えたり（リツイート含む）、エビデンスとして使用するのを「立ち止まって考える」習慣をつけることが重要です[10]。

⑤民間調査機関を活用する

しかし、実際のところうまく加工された画像（動画、静止画）の嘘を見破るのはかなり困難で、信頼性の高いメディア、ファクトチェック機関、民間情報調査機関などが時間と労力をかけてチェックしてくれた情報源を参考にすることが賢明です。

ファクトチェック機関については前述しましたが、民間の情報調査機関の草分け的存在はオランダに拠点を置くベリングキャット（Bellingcat）です。同機関は2014年7月、英国人のエリオット・ヒギンズによって、ネット上の画像情報などのオシント（公開情報）を収集・調査し、報道するために開設されたサイトです。

サイト開設と同時に東ウクライナで発生したマレーシア航空機（MH17）撃墜事件に関する調査

ですぐに成果を上げました。

当時ロシア政府は、マレーシア航空機撃墜（2014年7月17日）について、ウクライナ軍の戦闘機による撃墜だという情報を流布しました。これに対してベリングキャットは、SNSなどから得た公開情報を詳細に検証し、ロシア側の主張が偽情報であることを示す調査結果を次々に発表しました。それが既存のマスメディアや国際的にも認められました。ロシア・ウクライナ戦争においても、多くのフェイクニュースなどを指摘し、サイト上に掲載しています。[11]

⑥情報を「事実」と「意見」に区分する

情報の内容を「事実」と「意見」に区分することも重要です。ロシア・ウクライナ戦争では、さまざまな立場の人や組織がコメントを発信していますが、コメントはあくまでも個人や組織の意見であり、参考程度にとどめます。それらの意見に引きずられることなく、先入観や思い込み（バイアス）を捨てて事象を事実の側面から判断することが大事です。

あわせて情報発信者の狙いを見極めることも必要です。SNSなどで発信している人の立場や所属する組織を確認することで、その狙いが明確になり、バイアスの可能性や背景を認識できます。

クロノロジーを作成する

事象が発生した初期段階では、情報が錯綜していることが多いものです。発信された情報を時系列に並べて整理することが、情報内容の確認とその後の分析に役立ちます。

時間が経過するにつれて判明してくる事実もあり、整理・記録したものにそれらを修正・追加します。

特に重要で変化が激しい事象の場合、多くのメディアやSNSがさまざまな視点から（時間を前後して）情報が提供されます。そのためにも、クロノロジーの作成が有効です。

複数のメディアからの情報を時系列に並べて記録することで、情報の正確性が増し、誤情報も明らかになります。報道に比べてSNSは早い段階で入手できますが、それだけに正確性の確認作業が必要です。

クロノロジーの作成はたいへん手間がかかりますが、その作業自体が、その後の分析に大いに役立ちます。

以前はクロノロジーの作成と並行して印刷物や新聞などを切り抜いてファイリングしていましたが、いまでは電子的に大量の資料を保存できます。

インターネット上に情報があるので、そのつど検索すればいいという考え方もありますが、ネット上から削除されるものもあるため、何らかの形で保存しておくことが大事です。

情報処理が終わったら、インテリジェンスサイクルの次の段階である「分析」に移ります。次章では、ロシア・ウクライナ戦争の実例を挙げながら「情報処理」と「分析」の手法について具体的に解説します。

（1）欧州連合（EU）の行政機関である欧州委員会でも2023年2月、職員に対し、3月15日までにスマートフォンから同アプリを削除するよう指示したとガーディアン紙が伝えている。

（2）「1分でわかるTikTok健康講座 新型コロナワクチンに関する情報」
https://www.tiktok.com/@ph.ph.chem/video/6929851110010178817

（3）「ウクライナ批判のSNS投稿者、新型コロナワクチンでも誤情報発信　SNS分析、世論のゆがみを助長も」（日本経済新聞、2022年5月12日）

（4）日本経済新聞（2022年5月12日）

（5）2023年、米国ではバイデン大統領が第3次世界大戦の開始を告げるAI偽動画が政治活動家によって作成され拡散した。またトランプ前大統領が逮捕されるAI偽画像がX（旧ツイッター）上で拡散された例もあった。日本でも2023年11月2日、スーツ姿の岸田首相が画面中央で視聴者に語りかけている偽動画がXに投稿され、230万回以上閲覧された。画面の右上には「日テレNEWS24」のロゴが入っており、テロップでは「岸田首相『確かにいたしました』」などと表示された。また「LIVE」や「BREAKING NEWS」という文字もあり、岸田首相の話が緊急速報として生中継されているかのような印象を与えた。

（6）IFCN（国際ファクトチェックネットワーク）は2017年から、この綱領に基づいて加盟団体の審査を開始し、2020年4月には、より詳細な基準を盛り込んだ改定版を公表した。この基準に基づいて、20

22年4月現在、ＩＦＣＮには100以上の団体が加盟し、20以上の団体が更新審査中となっている。（ＩＦＣＮの加盟団体リストは次のとおり。 https://ifcncodeofprinciples.poynter.org/signatories

（7）スプートニク(Ｘ)（2022年3月7日）
https://www.asahi.com/articles/ASQ3971YBQ38UCVL00L.html?iref=pc_photo_gallery_bottom（参考）

（8）スタンフォード大学歴史教育グループ（ＳＨＥＧ）
https://cor.stanford.edu/curriculum/lessons/lateral-vs-vertical-reading

（9）「ライオンが逃げ出した」「川内原発で火事」Twitterでデマ拡散【熊本地震】The Huffington Post（2016年4月15日）https://www.huffingtonpost.jp/2016/04/15/kumakoto-earthquake-dema-tweet_n_9700622.html

（10）デジタルリテラシーの専門家、ワシントン州立大学のマイク・コールフィールドは、2017年からメディアリテラシーを身につけるための手法を「ＳＩＦＴ（シフト）」として学生に教えている。ＳＩＦＴは、その4つの動作の頭文字からとっている。

Ｓ：Stop（一度立ち止まろう）
Ｉ：Investigate the source（情報源を調査しよう）
Ｆ：Find better coverage（よりよい報道を見つけよう）
Ｔ：Trace claims, quotes, and media to the original context（主張、引用、メディアのオリジナルまでさかのぼろう）

（11）ベリングキャットＨＰ ウクライナ https://www.bellingcat.com/tag/ukraine/

第12章　ロシア・ウクライナ情報戦を分析する

フェイクニュースに騙されない――「ロシアは日本攻撃を準備していた」の真贋

タイトルと内容をチェックする

前章で紹介した情報処理の手順などを用いて、インテリジェンス作成の具体的手法について、ロシア・ウクライナ戦争を事例に紹介したいと思います。

2022年11月25日の『ニューズウィーク日本版』に「ロシアはウクライナでなく日本攻撃を準備していた…FSB内通者のメールを本誌が入手[1]」というセンセーショナルなタイトルの記事が掲載されました。

その内容を斜め読み（スキミング／スキャニング）すると、「プーチン大統領が率いるロシアは、ウクライナへの大規模侵攻に着手する何カ月も前の2021年夏、日本を攻撃する準備を進めていた――こんな衝撃的な情報を、本誌が入手した」という書き出しで始まり、内部告発とされるメールの中身が紹介されています。記事の要点は次の通りです。

●2022年3月17日付けのこのメールは「ウインド・オブ・チェンジ[2]（Wind of Change：変革の風）」と名乗るFSB内部の将校グループが、ロシア人の人権擁護活動家ウラジーミル・オセチキンに定期的に送信している内部告発メールの一つ。

●オセチキンは、ロシアの腐敗を告発するサイト「グラグ・ネット[3]（Gulagu.net）」の運営者。このメールのやり取りをロシア語から英語に翻訳しているのは、ワシントンを拠点とする非営利団体「ウインド・オブ・チェンジ・リサーチグループ（WCRG）」の事務局長イゴール・スシュコ[4]。ニューズウィーク誌は、同氏から全メールのやり取りを入手。

●内部告発者は、2021年8月の時点で「ソ連と日本が深刻な対立の段階に入り、さらには戦争になるだろうという確信は高かった」。ところが、数か月後に日本に代わってウクライナ侵攻を選択したのではないかと示唆。ただし、最終的になぜウクライナが戦争の対象に選ばれたのかについては言及せず。

●内部告発者は日本を標的としたロシア軍の電子戦へリコプターの動きを詳述。また、ロシアのプロパガンダ機関は、2021年8月から、第2次世界大戦中の日本のロシア人に対する非人道的な対応に関する機密文書を公開するなど、日本人に「ナチス」「ファシスト」とレッテルを貼る大規模な反日キャンペーンを開始。
●ロシア政府と日本政府の間にある「主な障害物」は北方領土だ。ロシア政府にとって北方領土は「有利な交渉の切り札」。

記事をファクトチェックする

この記事について、いくつかのファクトチェックサイトで「ロシア 日本攻撃準備」と検索し、記事がどう評価されているかを確認しましたが、探し出すことはできませんでした。

次に情報源である『ニューズウィーク』をチェックします。

ニューズウィークについて、ウィキペディアで調べてみると、同誌は1933年に週刊誌として創刊され、20世紀には広く発行され、多くの著名な編集者が所属していました。その後の収入減などから、所有者が何回か変わっていますが、現在、収益は回復しているとありました。

気になる点は、ほとんどの米国の大手雑誌と異なり、ニューズウィークは1996年以来ファクトチェッカー（事実確認のためのチェック機関や機能）を使用していないという点です。時々、誤報や事実誤認の事例がウィキペディアに取り上げられています。

ただし、ニュースメディアの信頼性を評価する「ニューズガード（News Guard）によれば、同誌は2020年の米国を拠点とするニュースメディアの信頼性が高いトップ10に入っています。

したがって、ニューズウィークは、全般的には信頼性が高いという評価はあるものの、個々の記事については慎重に評価する必要があるということがわかります。

では、メールを公開した人物の信頼性はどうでしょうか。手紙の公開を続けているのは、ロシア刑務所などでの拷問について調査を続ける人権団体「グラグ・ネット」代表のウラジーミル・オセチキン（40歳）です。自身もロシアでの拘留経験があり、現在はフランスで亡命生活を送りながら、ロシアの治安機関による人権侵害や汚職などを告発し、ロシアが囚人をウクライナの戦場に送り込んでいることに警告を発しています。

毎日新聞のオンライン取材（2022年4月以前）に応じたオセチキンの証言によると、2021年10月より「ウインド・オブ・チェンジ（FSB内部の将校グループ）」からのメールが届くようになり、ロシアのウクライナ侵攻直前の2022年2月19日に「ウクライナの拘留施設で拷問が行なわれているという『偽情報』が出回る」との警告を受けたとされます[5]。

実際、2日後に拷問を装った不自然な映像などが出回ったため、「ウインド・オブ・チェンジは情報源の正しさが裏付けられた」としています。

2022年5月1日、ウインド・オブ・チェンジ・リサーチグループ（WCRG）事務局長のイゴール・スシュコが、オセチキンがロシア語で公開した「2021年夏、ロシアは日本を攻撃する準備を進めていた」という内容を英訳してネットに載せ、ＪＡＰＡＮやＦＳＢなどの「＃（ハッシュタグ）」を付けて配信しました。その情報が爆発的に拡散された様子はなく、後追い記事も確認できませんでした。

そのイゴール・スシュコ氏の経歴を調べると、ウクライナ生まれのウクライナ育ちですが、その後ドイツや日本などでプロレーサーとして活躍していました。ロシアがウクライナ侵攻を始めてから、愛国心から個人でできることをやりたいとＷＣＲＧの活動を始めました。もともとジャーナリストの経験があるわけではありません。

したがって「ウインド・オブ・チェンジ」というＦＳＢの内部告発者、「グラグ・ネット」、そして「ＷＣＲＧ」も、現状では情報源としての信頼性は高くないと考えられます。

よってこのニューズウィーク誌の記事の信頼性も低いと言わざるを得ません。この段階で分析には使えないと判断できますが、その内容は日本に大きく関係があるので、さらに精査してみます。

一次資料を確認する

あらためてこの記事の詳細を見ていくと、そもそも告発されたメールは２０２２年3月時点のものであり、その後、新たな情報がないなか、同年11月に『ニューズウィーク』[6]が取り上げました。同誌の英語版をあたると、「ロシアは２０２１年に日本を攻撃しようと計画していた：ＦＳＢの内部告発メールより」（Russia Planned to Attack Japan in 2021: Leaked FSB Letters）とセンセーショナルな日本版と違いあっさりしたタイトルです。

また「……第二次世界大戦の敗者としての立場により、日本は依然として正式な軍隊や対外諜報機関（foreign intelligence service）、その他多くのものを持つことができない」[7]。当時、安倍首相は北方領土交渉とともに国家情報機関の改編を重視していたとしたうえで「歴史的に日本の軍事情報は常に高いレベルにあったが、第二次世界大戦の敗北後、それは戦勝国の命令で単に廃止されただけだ」[8]などの記述は、同誌の日本語版からは削除されています。

これらの違いを見ると、情報収集の鉄則である一次資料（原典）にあたる必要性をあらためて痛感させられます。

斜め・横・縦読みで情報を精査する

続いて記事内容についてクロスチェックします。ほかの主要メディアでは『ニューズウィーク』と同様の記事は確認できませんでした。つまり、記事の斜め読みはできても横読みはできないということです。

同記事を縦読みして気づいたことは、もし仮にロシアが日本への侵攻を検討していたとすれば、陸続きのウクライナとは異なり、地上軍だけでなく、海軍歩兵（いわゆる海兵隊）や上陸用艦艇も含めた大規模な上陸作戦の準備を行なう必要があり、画像や電波情報で何らかの兆候が得られているはずです。しかし、それらに関する報道はメール公表時点ではまったくありませんでした。

世界一の軍事力を有する米軍でさえ、今や二正面で大規模な戦争を行なうことは無理です。ロシアが日本を攻撃するなら、ウクライナ正面で準備していた兵器や兵站物資を極東正面に転用し、戦力を集中する必要があります。

それらの戦争準備を米国などに気づかれず、民間の衛星も含めて衛星写真に捉えられずに行なうことはほぼ不可能です。当時の画像は、公開されていないので画像検索はできませんでした。しかし、個人で衛星画像データを購入し、極東ロシア軍の増減などの経緯を見て、ロシアの日本の侵攻はありえないと判断した人もいます。(9)

記事情報を格付けする

以上のように二段階で情報をチェックした結果、元ネタを発信した「ウインド・オブ・チェンジ」の情報源の信頼性は「D（必ずしも信頼できない）以下」、内容の正確性（確実性）は「4（真実が疑わしい）以下」と、筆者は判定しました。(10)

「ロシアはウクライナでなく日本攻撃を準備していた」とする情報は、日本に及ぼす影響の大きいネタの一つとしてフォローしても、インテリジェンスプロダクトを生成するうえでのエビデンスとしては使用できません。

日本に対する攻撃案は、初期段階でロシア国防省の中で選択肢の一つとして検討された可能性はあるものの、その後、検討されなくなったと考えるのが妥当です。

それでは、なぜ今このような記事が出たのでしょうか。それには次のようなことが考えられます。

①ロシアの積極工作の一環

FSB内の将校グループの存在や、流している情報を信じさせて、いざという時に効果的なディスインフォメーション（偽情報）を流すため、真実を一部交えていかにもありそうな情報をメディアを通じて流している。

つまりロシアの「嘘も百回言えば本当になる」方式でIRA（インターネット・リサーチ・エージェンシー）などがねつ造して通信社などに情報を提供している。

②日本へのけん制・警告

本来は日本を攻撃予定だったのに、政権内の事情でウクライナ攻撃に変わった。しかし、ロシアとしては日本への攻撃も常に視野に入れているということを伝えて日本へのけん制。さらに日本のウクライナへの支援やウクライナ人への肩入れに対する警告。

③企業利益の追求（『ニューズウィーク』の売り上げ向上）

日本人の興味をひく刺激的なタイトルを付け、『ニューズウィーク日本版』の売り上げを増やす。

シナリオ分析――「ワグネルの乱後の動向」を読み解く

シナリオを列挙する

ここでは、「シナリオ分析」の手法を用いてワグネルの乱後の同組織の動向を分析したいと思います。

シナリオ分析とは、複数のシナリオを作成して将来を予測するものです。

シナリオを作成するための手法はいくつかありますが、4つの仮説（4象限マトリックス、2軸マトリックス）を用いるのが有効です（次頁図参照）。

ここでは事象に影響を及ぼす要因を、ロシア軍のワグネルに対する統制力の大小と、ワグネルの勢力や国内での人気の大小を軸として4つのシナリオを案出します。それによると、次の4つの仮説が導き出されました。

①ワグネルがロシア国民の支持を得て勢力を回復・拡大し、第二のワグネルの乱が発生（場合によりロシア国内各地で賛同する動きあり）、ロシア軍は即座に武力で反乱を抑え込もうとして対立が激化し国内が混乱する。

②プリゴジンがワグネルのトップから外され（暗殺含む）、ロシア軍の指揮下に入り、その枠組み

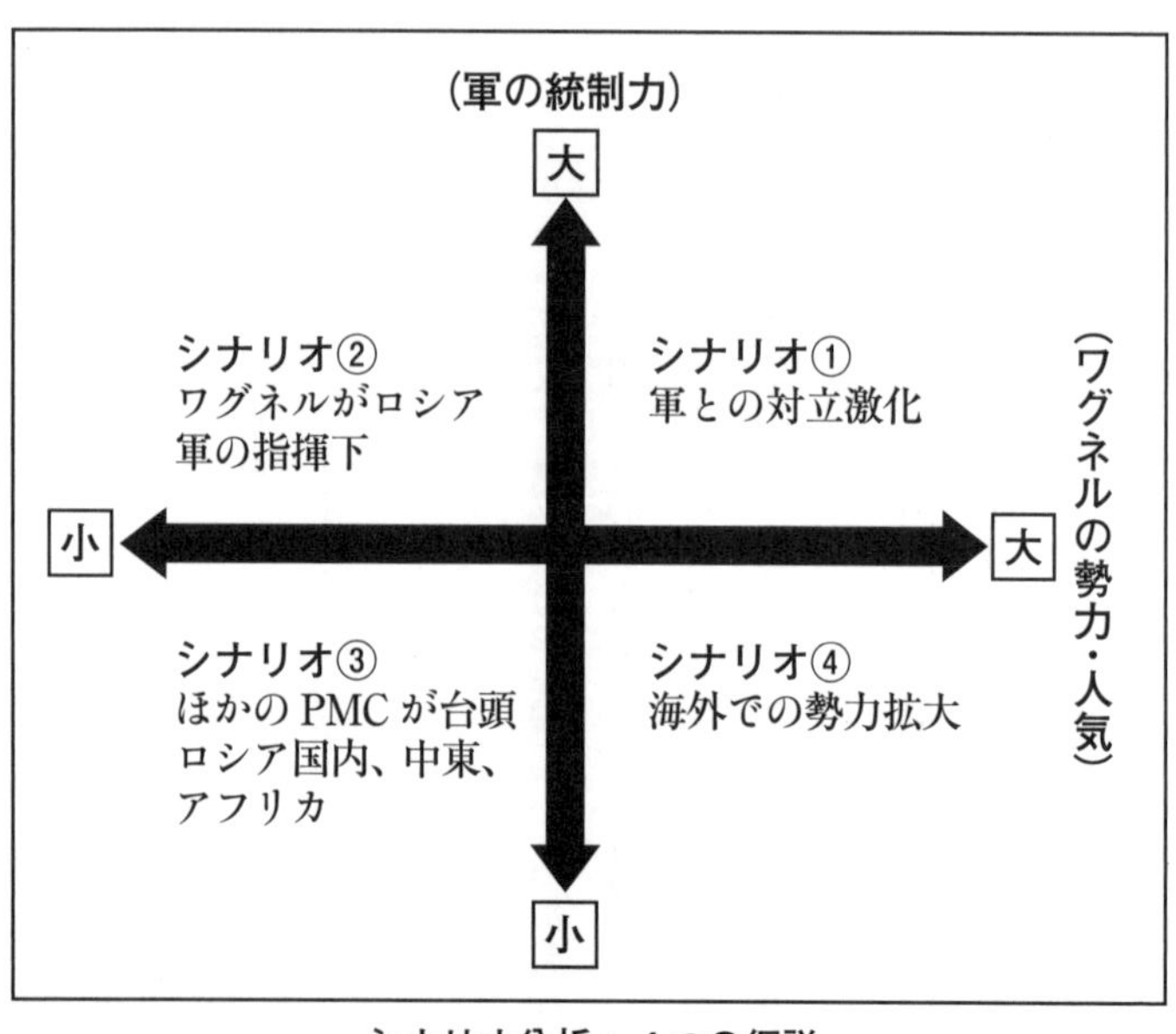

シナリオ分析：4つの仮説
(『インテリジェンス用語事典』を基に作図)

の中で活動する。

③ワグネルは分裂縮小し、国内では活動せず、アフリカなどで傭兵業務を継続しようとするが、ほかのPMCに次第に利権を奪われる。

④ワグネルは軍の指揮下には入らず、ロシア国外のベラルーシや中東・アフリカなど海外で勢力を拡大する。

クロノロジーからシナリオを検証する

ワグネルの乱のあと、ワグネルは海外での活動をメインとする情報や兆候がいくつも見られました。

2023年7月14日、ベラルーシ国防省はワグネルとの間で、ベラルーシ軍の部隊への訓練実施に関するロードマップになりました。

を作成したと発表し、ワグネルが今後の一定期間、ベラルーシへの軍事訓練を提供することが明らか

7月19日、ワグネル系のテレグラムチャンネルは約2万5000人の戦闘員のうち1万人がベラルーシに向かったと伝えました。20日、ベラルーシ国防省はウクライナとポーランドの両国の国境に接する西部ブレスト州でベラルーシ軍の特殊部隊とワグネルが共同訓練を実施すると発表。

7月29日、ポーランドのモラウィエツキ首相は、隣国ベラルーシを新たな拠点とするワグネルの戦闘員100人以上がポーランド・リトアニア国境近くに移動したと明らかにし、「ポーランド領へのさらなるハイブリッド攻撃につながる」と警戒を強めました。

同首相によると、西進したワグネルの戦闘員は中東やアフリカからの不法移民がベラルーシからポーランドに侵入するのを助ける目的があり、戦闘員が不法移民を装ってスバウキ回廊（次頁図参照）などを使って国境を越え、ポーランド情勢を混乱させる懸念があるとしています。

スバウキ回廊はポーランドとリトアニアの間にある長さ約100キロメートルの国境地帯で、ロシアの飛び地カリーニングラードとをつなぐ軍事的要衝です。有事にはロシアが、NATOに加盟するバルト諸国とポーランドを分断するために攻撃する可能性が指摘されている地域です。

7月30日、ワグネルはテレグラムチャンネルで現時点では十分な人数の戦闘員がいるため、戦闘員の採用を無期限で停止すると表明しました。プリゴジンは「ワグネルはアフリカとベラルーシで活動

スバウキ回廊

を続けている」と発言したとも投稿していま す。そしてロシア国内で活動するために部隊を追加する必要が生じれば、採用活動を再開すると述べました。

その後、8月21日、テレグラムチャンネルでアフリカの砂漠と思われる地域で活動するプリゴジンの映像が流れました。

シナリオ分析の主眼（不測事態に備える）

このようにベラルーシやアフリカで活動するという④のシナリオを裏付ける情報や兆候が見られましたが、8月23日、プリゴジンが急死したことにより、事態は大きく変わりしました。

プリゴジンの死後、ワグネルは大きく三つに割れたとされます。

①7月1日までにロシア国防省と契約を交わし、正規軍の将兵としてウクライナ前線で戦う元ワグネルの隊員
②ワグネルの乱後も中東やアフリカで活動を続けるワグネルの隊員
③ワグネルの乱後もロシア軍の指揮下に入ることを拒み、ベラルーシへ移動したワグネルの隊員

ロシアのショイグ国防相は、ワグネルを解体することに積極的ではないとされています。なぜなら、アフリカにおけるワグネルの活動を封じることは、アフリカ大陸におけるモスクワの影響力を失うことと等しいと考えられるからです。ただし、現地にいるワグネルの主導権をロシア国防省が握るように行動することはあるでしょう。

中東やアフリカで活動してきたワグネル部隊の代わりに、国防省の意向に沿う新たなPMC「リダウト（Redut：志願者の意）」や「コンボイ（Convoy：護衛団の意）」が人材を募集しているという情報もあります。

しかし、アフリカで活動中のワグネルの要員は、その政府や指導者層と利権やワイロなどで密接な関係を構築していると思われ、簡単に置き換わることは困難と見られています。さらにワグネルがロシア国防省にどの程度従属するかは、受け入れ国の状況によって異なります。

たとえばシリア当局はワグネルに対し、ロシア軍に統合されるか、2023年10月までにシリアから撤退するように伝えているという報道があります。

一方、中央アフリカ共和国やマリなどは、ワグネルの後任になりうる人員も知識もロシア国防省にはないとしています。

プリゴジンの功績について、英ジャーナリストのブノワ・ブリンジャー[11]はBBCの取材に対して、「完全に法律を無視して活動できる影の私設軍隊（ワグネル）が、ハイブリッド戦争において、また海外での影響力を獲得するうえで、どれほど役立つかをクレムリンに実証した」「ワグネルの名前は消えるかもしれないが、現場の傭兵と彼が編み出した手法は消えない[12]」と答えています。

このようにロシアにとってアフリカでの傭兵ビジネスは手放せないものになっていますが、ロシアの傭兵コミュニティは小さいため、中期的にはロシア国防省とＰＭＣの関係性やＰＭＣの名称などは変わっても、実際の人材や人員は変わらず、シナリオ②と③を組み合わせたように展開していくと考えられます。

ただし、シナリオ分析の主眼は、シナリオが当たったかどうかよりも、各種のシナリオを考察してリスクを軽減し、先行して行動できるようにすることです。

したがって情報分析担当者は、常に情報をアップデートすることで、その時点でのシナリオの暫定的な結論出すことを心がけることが重要です。

政策決定者は、仮に①のシナリオのような状況になり、ロシア国内が混乱した場合、それが自国にどのような影響を及ぼし、どんな対策が必要かを検討しておくことが重要なのです。

競合仮説分析──「ノルドストリーム爆破」を読み解く（1）

複数の仮説を挙げてマトリックスを作成する

ノルドストリームを誰が爆破したのかについては、現段階（２０２３年10月末）では不明です。しかし、インテリジェンスの現場では、その可能性の高低を求められることがあります。その際、競合仮説分析（ＡＣＨ）や歴史的経緯をもとにしたクロノロジー分析を用いることが有効です。

簡単に言えば、競合仮説分析（ＡＣＨ）は複数の仮説を挙げてマトリックスを作成し、それらをエビデンスで立証するやり方です（細部の手順は２９８頁参照）。

第7章で明らかになった事実関係から、実行犯を操っている国家や組織はロシア、米国、ウクライナ（親ウクライナ派含む）、ドイツ、英国、国際テロ組織が考えられますが、ここでは分析を容易にするため、①ロシア、②米国、③ウクライナ、④国際テロ組織に絞ります。

マトリックスの作成と評価

ノルドストリームの爆破関連の報道などの情報を整理すると次のようになります。

●ノルドストリーム１・２（NS１・２）は２０２２年9月26日午前2時頃と午後7時頃に何者かによって爆破された。４本からなるパイプラインのうち3本が破壊された。後日、４本ともすべてが損傷しているとの報道もあり（スウェーデンの地震研究所のデータ、ガスプロムの発表、デンマーク国防省によるガス漏れの写真など）。

●ノルドストリームに関係する国（スウェーデン、デンマーク、ロシアなど）が調査しているが、その結果は公表されていない。

●破壊される前にノルドストリーム１のロシアからの天然ガスの供給は停止していた（各種報道）。

●米国は冷戦時代（特にレーガン政権時代）からヨーロッパがソ連（ロシア）のエネルギーに依存することに対して強い危機感を表明してきた（各種資料）。

●ソ連（ロシア）はその構成国（ソ連崩壊後は東欧諸国）に対し安価なエネルギーを供給することで、需給国に対して強い影響力を維持していた。

●米国、ポーランド、ウクライナ、バルト三国などは、ノルドストリームの計画に当初から反対していた。共通する反対の理由は安全保障の観点であるが、国によっては経済や環境の面からの反対意見の比重が高い。

●実行犯の可能性として報道されている組織は親ウクライナ派と国際テロ組織である（各種報道）。

●各パイプラインは、水深約70～80メートルの深さに設置され、口径約１・２メートル（厚さ約４センチ）の鋼管製で、それを最大厚11センチのコンクリートで覆われている。それを破壊するための爆破物は数百キログラムが必要（各種報道）。
●「コンクリートで覆われているとはいえ、パイプラインはかなり脆弱であり、ダイバーが１人いれば爆発物を設置するには十分である」（２００７年、スウェーデン国防研究所ＦＯＩによるプロジェクトの報告書）
●ドイツ連邦検察庁は２０２３年1月に破壊工作に使ったとみられる船を捜索し、爆破物の痕跡を発見。船はドイツ北部の港町ロストクから２０２２年9月上旬に出港（ドイツ公共放送ＡＲＤ）。
●これらの情報の真偽をチェックする手段の一つとしてＥＵのデータベースがある。２０２３年7月20日現在、ＥＵの「偽情報監視プロジェクトＥＵ vs Ｄｉｓｉｎｆｏ」[13]は、ノルドストリーム爆破事件に関連する１５０件以上の偽情報に警告を出している。
●実行犯を操っているとされる国家は、ロシア、米国、ウクライナ（親ウクライナ派含む）、ポーランド、ドイツ、英国、国際テロ組織の名前が浮上しているが、いずれもその根拠は明らかにされていないか憶測で報道されている。

以上のように現在判明している事項やその他関連情報をリスト化して整理すると、付表「ノルドストリーム関連マトリックス」になります。

付表「ノルドストリーム関連マトリックス」

	内容	仮説 ロシア	仮説 米国	仮説 ウクライナ	仮説 国際テロ組織	備考
1	米国は冷戦時代（特にレーガン政権時代）からヨーロッパがソ連（ロシア）のエネルギーに依存することに強い危機感を表明してきた。		○			
2	ソ連（ロシア）はその構成国（ソ連崩壊後は東欧諸国）に対し安価なエネルギーを供給することで、需給国に対し強い影響力を維持していた。	×				ロシアが破壊すると影響力を行使できなくなる
3	米国、ポーランド、ウクライナ、バルト三国などはノルドストリームの計画に当初から反対。共通する反対理由は安全保障の観点である。ただし国によっては経済や環境破壊の観点からの反対意見の比重が高い。		○	○		
4	破壊される前にノルドストリーム1のロシアからのガスの供給は停止していた。					仮説に影響ない情報
5	ノルドストリーム1・2は2022年9月26日午前2時頃と午後7時頃、何者かによって爆破され、パイプライン合計4本中3本が破壊。後日、4本とも損傷しているとの報道もあり（2022・9・26）					仮説に影響ない情報

6	ポーランドのモラウィエツキ首相は「（ロシアによる）破壊工作に直面している」とロシアの関与が疑われるとの見解（２０２２・９・27）					根拠不明
7	ウクライナのボドリャク大統領府長官顧問は、これは「ロシアが計画したテロ攻撃でＥＵに対する侵略攻撃だ」とロシアを非難（２０２２・９・27）					根拠不明
8	インタファクス通信は、ロシア連邦保安局（ＦＳＢ）は「国際テロ」の疑いで捜査を始めたと報道（２０２２・９・28）					根拠不明
9	各パイプラインは、水深約70~80メートルの深さに設置され、口径約１・２メートル（厚さ約４センチ）の鋼管製で、それを最大11センチのコンクリートで覆っている。それを破壊するためには爆破物は数百キログラムが必要だが、（技術を有する）潜水員がいれば、だれでも可能（２０２２・９・28）	○	○	○	○	すべての仮説に当てはまる
10	実行犯の可能性として報道されている組織は親ウクライナ派と国際テロ組織。					いずれも根拠は不明確
11	スウェーデン治安当局が事件捜査に乗り出し、同政府は声明で刑事事件としての捜査を警察から引き継ぎ、「背後に外国勢力が存在する可能性も否定できない」と述べる（２０２２・９・28）	○	○	○	○	すべての仮説に当てはまる
12	ＥＵのボレル外交安全保障上級代表は「入手可能なすべての情報が意図的な行為の結果であることを示唆している」と述べ、ガス漏れが破壊工作によるものとの見方を示す。ＥＵの執行機関である欧州委員会は「ガス漏れの報告があった関係国と状況を注視していく」とコメント（２０２２・９）	○	○	○	○	すべての仮説に当てはまる

13	ドイツ連邦検察庁は2023年1月に破壊工作に使ったとみられる船を捜索し、爆破物の痕跡を発見。船はドイツ北部の港町ロストクから2022年9月上旬に出港（2023・1）	○	○	○	○	すべての仮説に当てはまる
14	ロシアのウクライナに侵攻に対して、ノルウェー海軍の支援を受けた工作チームは水深が浅く工作が容易なバルト海にあるデンマークの島ボルンホルム付近を通過するパイプラインに狙いを定めた（2023・2・4）					ノルウェー海軍が支援。背後にどんな組織があるかなど不明
15	欧米とロシアの応酬が続くなか、外交・安全保障分野の調査報道で著名な米国のジャーナリスト、シーモア・ハーシュ（85歳）は、匿名の消息筋の話として、2022年9月にノルドストリームが爆破されたのは米国の工作によるものだと自身のブログに投稿（2023・2・8）					ハーシュのほかに同様の情報なし
16	ウクライナのレズニコフ国防相は「我々とは関係ない」と政府の関与を否定（2023・2・9）					発言のみ根拠なし
17	ロシア側では英国による工作活動だという主張も出てきた（2023・3）					発言のみ根拠なし
18	ロシア外務省のマリア・ザハロワ報道官は自身のテレグラムで「米国は（これについて）説明すべきだ」として、ロシアは米国とNATOが爆破に関与したと信じていることを繰り返し表明（2023・3）					発言のみ根拠なし

No.	内容					備考
19	米国防総省のギャロン・ガン報道官は「米国はノルドストリームの爆破に関与していない」との声明を発表し関与を否定した（２０２３・３）					発言のみ 根拠なし
20	３月７日『ニューヨーク・タイムズ』は「米国当局が精査した新しい情報は、親ウクライナのグループが２０２２年ノルドストリーム・パイプラインへの攻撃を実行したことを示唆している」と報道（２０２３・３・７）					発言のみ 根拠不明確
21	米当局者は新たな情報の性質や入手方法、含まれる証拠の確度などの詳細を明らかにすることを拒否。米当局者は攻撃にロシア政府が関与した証拠は見つかっていないと述べるも、ロシア政府がパイプラインを破壊する動機が不明（２０２３・３・７）					発言のみ 根拠不明確
22	米当局者はウクライナのゼレンスキー大統領または彼の幹部がこの作戦に関与したという証拠はなく、作戦実行者がウクライナ政府当局者の指示に従って行動したという証拠もないと発表（２０２３・３・７）					発言のみ 根拠なし
23	ウクライナの特殊作戦軍のロマン・チェルビンスキー大佐が６人の実行チームの兵站を支援した。実行チームは身分を偽装してヨットに乗り込み、深海潜水器具を使用してパイプラインに爆発物を仕掛けた。ＣＩＡの情報報告書によると「（この）計画と実行に関与した全員がザルジニー・ウクライナ軍総司令官に直接報告しており、ゼレンスキー大統領はそれを知らなかったはずだ」としている（２０２３・11・11）			○		
	仮説を肯定するエビデンスの数	4	6	6	4	
	仮説を否定するエビデンスの数	1	0	0	0	

実行犯もその黒幕も不明

付表「ノルドストリーム関連マトリックス」のように情報を整理すると、現時点（２０２３年12月末）で判明している事項は次のとおりです。

- ２０２２年9月26日の午前2時と同日午後7時頃にデンマークのボーンホルム島周辺の海中で爆発が起こり、４本からなるノルドストリーム・パイプラインのうち３本もしくは４本が爆破され損傷した。
- スウェーデン、デンマーク、ロシアが独自に調査をしているが、その結果は公表されておらず実行犯は特定されていない。
- 実行犯の背後にいると思われる国家、組織として名前が浮上しているのは、ロシア、米国、ウクライナ、ドイツ、英国、国際テロ組織であるが、それらを裏付ける決定的な情報は明らかにされていない。

競合仮説分析（ＡＣＨ）では、仮説を否定するエビデンスが最も少ないものが最もありそうな仮説と判定します。しかし結果は、ロシアは「１」、それ以外は「０」とエビデンスの差がほとんどないため、いずれとも判定できません。

したがって、これまでに開示された情報からは、ＡＣＨではこれ以上のことはいえません。そこで、過去の歴史的経緯（クロノロジー）から考察したいと思います。

クロノロジー分析──「ノルドストリーム爆破」を読み解く（2）

ロシアからのガス輸入に関する（西）ドイツの対応

クロノロジー分析とは、生起した事象を時系列に並べてクロノロジー（年表、年代順配列）を作成し、そこから相関関係や因果関係を探る分析手法です。

ここでは、欧州のロシア天然ガス輸入からノルドストリーム爆破までの経緯や関連国の対応の変化などからノルドストリーム爆破の黒幕について読み解きたいと思います

競合仮説分析と同じように、黒幕は、①ロシア、②米国、③ウクライナ、④国際テロ組織とします。

西欧諸国がロシアから天然ガスを輸入するという考えは、1969年9月、西ドイツ社民党（SPD）が戦後初めて政権をとったことを契機としています。首相に就任したウィリー・ブラントは、東方（すなわち共産圏）との連携を強化するという「東方政策」を掲げ、共産圏との緊張緩和（デタント）を目指しました。

西ドイツはロシアに対し大口径管やコンプレッサーを輸出し、その見返りに西シベリアの天然ガスを初めて西側陣営に輸入するという契約を結びました。1973年にパイプラインが完成し、ソ連の

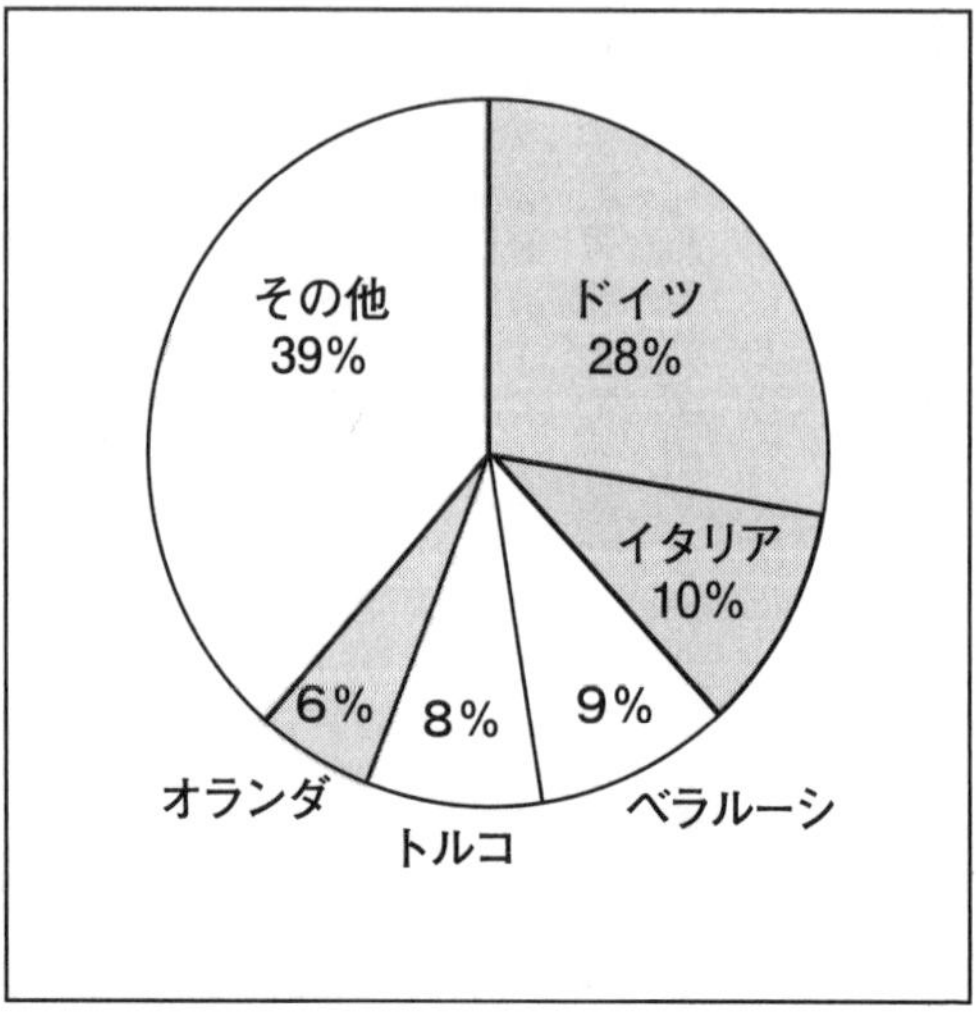

天然ガスが自由主義世界に輸出されるかわりにソ連は西側の市場を獲得し、外貨を稼ぐことができるようになりました。

当時のソ連当局者には、天然ガスを政治的な目的を達成するための戦略物資として使うという発想はありませんでした。[14] なぜなら、ソ連当局者は西ドイツをはじめとする西欧側からの高度な部品（パイプ）や設備、資金がなければこの事業が成り立たないことを十分認識していたからです。

パイプライン経由でのロシアの天然ガス輸出先の割合（出典：英ＢＰ、2020年）

西欧側も安定的な天然ガスの供給が保障され、ソ連の天然ガスをエネルギー源の分散戦略の一つとして導入、つまり中東などへの石油への過度の依存を低下させることができました。

したがってイデオロギーや政治外交的な問題にかかわらず、相互の思惑に基づいた依存関係が成立し、冷戦期においてもロシアからの天然ガスは西欧諸国に滞りなく流れ続けました。その結果、ロシアのウクライナ侵攻前は、ＥＵの天然ガス輸入量の約４割[15]をロシアの天然ガスが占めるようになり、欧州における最も安定的なエネルギー源となっていました。

ノルドストリームを増設しようとする計画は、ロシアからウクライナを経由するガスパイプラインの老朽化問題をどうするかということに端を発しています。

長期的には、ロシア以外で生産されていた欧州域内のガス生産量が低下していくなかで、今後さらにロシアからのガス輸入が増加することが予想されていました。[16] そのためのインフラをどう整備していくかという問題でした。

ロシアとしては、2004年のウクライナのオレンジ革命以降、政治的に不安定なウクライナルートのパイプラインを大規模改修するよりも、ウクライナを迂回して西欧に直接つながるパイプラインを新設するという考え方が強くなっていきました。

レニングラード州のボルグからバルト海を経由して、ドイツに向かう計画が浮上し、プーチン大統領と当時のシュレーダー独首相[17]との間で合意がなされました。この計画がのちにノルド（北）ストリーム（流れ）と命名されました。

ノルドストリーム1（NS1）の第1ライン（A）は2011年5月までに敷設され、同年11月8日に開通しました。NS1の第2ライン（B）は2011年から12年にかけて敷設され、2012年10月8日に開通しました（124頁参照）。

ノルドストリーム1の年間総ガス容量は550億立方メートルです。2018年から21年にかけてノルドストリーム２（ＮＳ２）が敷設され、ノルドストリーム全体のガス流量は１１００億立方メートに倍増する見込みでした。

しかし、プーチン大統領がウクライナのドネツク人民共和国とルハンスク人民共和国を承認すると表明したのを受けて、ドイツのショルツ首相は２０２２年2月22日、ノルドストリーム２の認証作業を停止しました。

同24日、ロシアがウクライナに侵攻したため、欧米諸国はロシアに対する制裁を科しました。この制裁に反発したロシアは、ノルドストリーム１によるガス供給を大幅に削減し、保守点検を理由に２０２２年8月31日にはガスの供給を停止しました。

これで、ノルドストリームを経由したヨーロッパへのガス供給は完全に停止しました。そのような状況の中で、ノルドストリーム１・２のパイプラインの爆破事件が発生し、パイプライン４本のうち３本が破壊されたことがロシアの運営会社によって公表されました。

ロシアとウクライナのガス紛争

さて、ロシアとウクライナの間にはウクライナの独立以降、天然ガスをめぐる争いが続いていました。

実は１９７０年代のウクライナは欧州でも有数の天然ガス産油国でしたが、１９７５年をピークに次第に生産量が落ち込み、その後、純輸入国となりました。それでもウクライナが独立するまでは、ソ連邦の一部として格安の天然ガスを入手できていました。[18]

ところが1991年にウクライナが独立し、2004年の「オレンジ革命」でウクライナに親欧米の政権が誕生した結果、ロシアにはそれまでのような優遇措置をとる理由がなくなり、2005年からガスプロム社はウクライナに対するガス料金の値上げを始めました。

天然ガスを供給するガスプロム社は国営企業です。そのため、実質的に最終意思決定をしているのはロシア政府です。

ロシアはウクライナに対して天然ガス1000立方メートルあたり50ドルという価格を設定していましたが、2005年4月、ガスプロム社はウクライナ政府に1000立方メートルあたり160ドルへの値上げを提示しました。ウクライナ政府はそれを拒否し、交渉はまとまりませんでした。その結果、2006年1月1日から、ロシアはウクライナへの天然ガス供給停止を強行しました。

具体的には、欧州全体への供給量からウクライナ向けの供給量の30パーセントを削減して供給したのです。しかし、ウクライナ向けのガス供給も、EU諸国向けと同じパイプラインが使われているため、ウクライナ側は、ロシアの停止措置を無視するかたちで、パイプラインからガスの取得を続行しました。当然パイプラインの末端にある欧州諸国へ提供されるガス量が不足し、ヨーロッパは大混乱となりました。

その混乱を受けて、ロシアとウクライナ両国はすぐに歩み寄りの姿勢を見せ、1月4日には妥協案として1000立方メートルあたり95ドルの価格で合意し、ガス供給は再開されました。

その後の2009年、ロシアは再び天然ガスのウクライナへの供給を停止しました。これも、両国間の価格交渉が原因です。ガスプロム社は2008年には1000立方メートルあたり180ドルだった価格を、450ドル程度に引き上げると提示しました。しかもウクライナ側は2008年からの金融危機・景気悪化のため、ガス代金と違約金などを含めて20億ドル（約1800億円）以上を滞納しているといわれていました。

2009年1月7日、ロシア政府はウクライナに途中でガスを抜き取られないように、ウクライナを経由するパイプラインのガス供給を全面停止する措置を発表しました。そのため、欧州全体で市民生活や企業にかなりの悪影響が出ました。

1月18日になり、両国は1000立方メートルあたり360ドルの価格で合意し、ガスの供給は20日に再開されました。

その後、2014年のロシアのクリミア占領に際して、欧米はロシアに制裁を科しましたが、ガスの供給は、そのような政治、外交問題とは切り離して考えられ、ロシアからの天然ガスの欧州諸国への供給は止まることはなく、ビジネスとして淡々と取り引きされていました。

しかし、この2006年、09年のロシアとウクライナのガス紛争の混乱は、ウクライナより西側にある国にとっては、ウクライナを通過するパイプライン（Ｂｒｏｔｈｅｒｈｏｏｄ（兄弟）とＳｏｙｕｚ（同盟））は、今後も政治的リスクがあることを明確に認識させました。そのためノルドストリームの建設計画に拍車がかかりました。

ロシア天然ガスに依存する欧州に対する米国の懸念

ソ連から欧州向け天然ガス輸送プロジェクトが始動したのは、米国においてはニクソン政権時代（１９６９～７４年）です。ニクソン政権は、トルーマン政権の時から長年にわたり継承されていたソ連の封じ込め政策を転換し、融和的なデタント政策を推進していました。したがって、この欧州のパイプライン・プロジェクトを問題視することはありませんでした。

ところが、１９８１年レーガン政権が発足すると、のちにネオコン（新保守主義）の代表的人物として名を馳せるリチャード・パール国防次官補が、シベリア天然ガスパイプラインについて、懸念を表明しました。(19)

米上院の公聴会で「欧州諸国がソ連のエネルギーに依存することは、米国と欧州の政治的・軍事的連携の弱体化につながる。ソ連の天然ガスが日々欧州に流れるということは、ソ連の影響力も日ごとに欧州まで及んでくるということだ」と発言しました。

つまり、レーガン政権において、ガスの取引量が増加すればするほど、ソ連の西欧に対する政治的影響力の拡大、すなわち武器としてのパイプラインという安全保障上の脅威が顕在化するという認識でした。また経済面においても、ソ連によるハードカレンシー（国際通貨）の獲得の増大を危険視するものでした。

実際のところは、米国の心配をよそに、ソ連がロシアに変わるなどの政治的な混乱があっても約40年にわたって天然ガスは安定的に供給され続けました。２００６年、０９年の「ウクライナガス紛争」において一時停止や混乱があったものの、今回のロシア・ウクライナ戦争までは40年以上安定的にエネルギーが供給されていたのです。

ノルドストリーム建設における各国の意見の相違

ノルドストリームの建設は、東欧諸国や米国などの反対意見もあるなか、推進されてきました。ドイツ国内でもノルドストリームについて反対意見がありましたが、環境問題への対応などからメルケル政権が脱原発、再生エネルギーの導入を進めており、強力に推し進められてきました。

ドイツの２０２１年のエネルギー自給率は29パーセント。国内で消費するエネルギーの約７割を輸入に頼っています。これらの資源はロシアからの輸入に頼る割合が非常に大きく、２０２１年の主な化石燃料の輸入は天然ガス44パーセント（うちロシア産が55パーセント）、原油27パーセント（同34パーセント）、石炭９パーセント（同50パーセント）となっていました。[20]

2018年7月11日、トランプ米大統領は、NATO首脳会議の開幕に先立って行なわれたストルテンベルグNATO事務総長との朝食会で、ノルドストリーム2計画について触れ、「米国がドイツを守るために数十億ドルも払っているのに、ドイツはロシアに（ガス代として）数十億ドルを支払っている」「ドイツはロシアの捕虜だ。ロシアから大量のガスと石油を得ている」とドイツを痛烈に批判しました。その場に居なかったドイツのメルケル首相は、別途「ドイツは独立して決断を下している」としてトランプ大統領の批判に反論しました。

しかし、2021年1月に誕生したバイデン政権は、ノルドストリーム2に対する制裁を見直しました。同年5月にノルドストリーム二社の最高経営責任者への制裁を適用除外としました。これは、米政権が欧州諸国、特に悪化していたドイツとの同盟関係を見直す必要があると判断したからとされています。

これにより、5月の時点で95パーセント敷設済みだったノルドストリーム2の一挙に建設が進んだとされています。

欧州側でノルドストリーム2に賛成している国は、主にドイツ、オーストリアです。一方でノルドストリーム2に反対している国はウクライナ、ポーランド、スロバキア、バルト三国などでした。

賛成している国は政治・経済的な立場から、反対している国は安全保障の観点からそれぞれ意見を表明していました。しかし、ロシアのウクライナ侵攻が起きるまでは、その本音は安全保障の問題より経済的なことにあったと思われます。

つまり、賛成側は政情不安定な東欧諸国を避けてパイプラインを通すことで、より安価で安定的にロシアからエネルギーを得られます。しかもノルドストリーム2が稼働すれば、ドイツは欧州各国に余剰のガスを供給（転売）するハブ（中継地点）となり、そこから利益が得られます。

一方、反対側はノルドストリーム2ができることで、それまで得ていた天然ガスの自国内通過料金が大幅に減ることが予想されました。ウクライナはロシアが侵攻する前には、年間25億ドル以上（2017年のウクライナのGDPの2・5パーセントに相当）の通過料収入を得ていたのです。それが、ガスの通過量の減少により単純計算でも収益が5分の1以下になるとされました。

米国においても、特にトランプ政権時代にはロシア産の天然ガスの対欧米輸出を減らすことで、米国産の液化天然ガス（LNG）の対欧輸出を増加させたいという狙いがあったと思われます。

ところが今回のノルドストリーム爆破により、各国の関心は経済的な思惑から安全保障上の問題に大きくシフトしました。

競合仮説分析とクロノロジー分析による結論

以上のようなクロノロジーと先に検討した競合仮説分析の結果を加味すると、ノルドストリーム爆破の黒幕について、結論として次のようなことが浮かび上がってきます。

蓋然性が高い米国、ウクライナ黒幕説

2024年1月末の時点でも確たるエビデンスはありません。しかし、結論を求められれば、クロノロジー分析から米国政府または同政府の承認の下で、ウクライナ（軍または親ウクライナ派組織）が作戦を実行したことは「おそらくあるのではないか（55〜80パーセント）と考えられる」と答えます。

一方、ロシア政府が実行犯（ロシア軍または親ロシア派組織）の背後にいることは「ありそうにない（20〜45パーセント）」と考えます。

その理由として、米国、ウクライナは、ノルドストリームの敷設に長期間反対していて、何とか計画を中止させたいと思っていたこと。ロシア・ウクライナ戦争が始まったことにより、ヨーロッパの中で、従来建設に賛成していた国々にロシアへのエネルギーの依存を決別させるため、その象徴的な存在であるノルドストリームを爆破したのではないかと考えます。

また、この爆破により、ヨーロッパ各国にロシアに対する強い制裁とウクライナ支援を踏み切らせることができ、米国にとっては自国の液化天然ガスの売り上げ拡大のチャンスになると考えられます。

一方のロシアにとって、パイプラインを破壊するメリットはほとんどありません。天然ガスのヨーロッパへの供給を止めるだけなら、ガスの元栓を閉めればすむからです。ノルドストリームの破壊により、ヨーロッパに対するエネルギーによる影響力を増大できる可能性を自らなくすとは考えにくいと言わざるを得ません。

ロシアによる偽旗作戦の可能性も否定できませんが、ノルドストリームが破壊されたことで、ロシア国内で欧米への敵愾心が高まり、ロシア軍の士気が上がった様子はうかがえません。

ロシア、ヨーロッパ、米国の天然ガスをめぐる長年の経緯からみたノルドストリームの破壊の位置づけを考察してみると、ノルドストリーム１・２の爆破は、単なるパイプラインの破壊ではなく、欧米のみならず世界のエネルギー政策を大きく転換させる事件であり、壮大な秘密工作活動の一つではないかと筆者は考えます。

ロシアのエネルギー戦略は、長期にわたり安い価格でエネルギーを提供することで、相手国のエネルギー源の多様化を阻み、ロシアに依存せざるを得ない環境を構築したうえで、ロシアの意思を強要するというものだと考えられます。

ノルドストリーム2の完成は、第4章で述べたロシアがモルドバに対して行なってきたエネルギー戦略を、欧州全体に及ぼす一歩手前の状況でした。
ノルドストリームの破壊が、秘密工作活動だったとすれば、ロシアのヨーロッパに対するエネルギー戦略の完成を、直前で阻止した作戦だったといえます。さらにいうならば、ヨーロッパに対して、今後ロシアではなく、米国にエネルギーを依存させるために行なわれた作戦だといえるでしょう。

蓋然性は低いが、影響力の大きな仮説

ノルドストリーム爆破に関して犯行声明がないことから、国際テロ組織が爆破した可能性は低いと考えられます。しかし、仮に国際テロ組織が実行したのであれば、国際社会の関心がロシア・ウクライナ戦争に向いている間に、国際テロ組織がこのような作戦を遂行できるほど勢力を回復してきたということであり、各国は国際テロの動向にも注意が必要です。

今後のエネルギー政策が国際情勢に影響を及ぼす

ノルドストリーム1・2の爆破によって、ヨーロッパはエネルギー資源としてのロシアの天然ガスと決別しました。
また、バルト海や北極海周辺の天然ガスを開発できる最先端の技術は、石油メジャーしか有しておらず、欧米の支援がなければ、いずれロシアの天然ガス生産能力は急速に低下していくと思われます。

そのような状況から今後の注目点を列記します。

●ヨーロッパ各国のエネルギー政策

主要なエネルギー資源を何にするか？

エネルギー資源はどこからどのように供給するか？

●米国のエネルギー政策

液化天然ガス、シェールガス・オイルをヨーロッパやその他の国にどのように供給するか？

●ロシアのエネルギー政策

これまでヨーロッパに供給していた天然ガスをどのような手段で、どんな経路でどこに供給するか？　それはアフリカや中国か？

各地域のエネルギー政策の動向とエネルギー資源の流れに注目することが今後の国際情勢の動向を判断するための大きな手がかりとなるのは間違いありません。

（1）https://www.newsweekjapan.jp/stories/world/2022/11/fsb-1.php

（2）「Ｗｉｎｄ ｏｆ Ｃｈａｎｇｅ」の名前の由来は明らかにされていないが、ベルリンの壁崩壊やソ連崩壊により、冷戦が終わろうとしているなかで１９９０年に平和を歌った楽曲のタイトルとして有名。現在の欧州情勢に鑑み変革の嵐が止まろうとしているのではないかとの懸念から、この曲が再注目されている。

（3）Ｇｕｌａｇｕ：グラグ、ソ連の管理下にあった政治犯用刑務所である強制労働収容所。

（4）ウクライナ出身の元レーシングドライバーで、日本で開催された「ＳＵＰＥＲ ＧＴ」の出場歴もある。ＧＴ（Ｇｒａｎｄ Ｔｏｕｒｉｎｇ）とは市販大がかりな改造を施したレーシングカーで、ＳＵＰＥＲ ＧＴは、そのＧＴによって争われる日本国内レースの最高峰。

（5）毎日新聞（２０２２年4月10日）

（6）Leaked Emails From Russia's Federal Security Service: What To Know
https://www.newsweek.com/russia-planned-attack-japan-2021-fsb-letters-1762133

（7）"its status as a World War II loser still prevents the Japanese from having an official military force, a foreign intelligence service and a number of other things.

（8）The whistleblower noted that former Japanese Prime Minister Shinzo Abe was at the time already placing a strong emphasis on both trying to "negotiate" with Russia over the Kuril Islands issue and reforming the country's intelligence service. "Historically, Japan's military intelligence has always been at a high level, but after the defeat in World War II it was simply abolished at the behest of the victors," they wrote.

（9）東大先端科学技術研究センター専任講師小泉悠は、米マクサー・テクノロジーズが提供する衛星画像サービスを、個人では日本国内でただ一人契約していて画像分析をしている。マクサー社の画像は、民間では最高レベルの分解能30センチとされる。その分析によれば、ロシアのウクライナ侵攻直前の国境付近には、大規模な兵力の集結が確認されていたが、2021年の夏、ロシア極東部でそのような動きはなかったという（毎日新聞2023年6月15日夕刊）

（10）第11章「情報の処理・格付けの評価基準」（239頁）参照。

（11）『ワグネルの台頭』で民兵組織の台頭を描いたジャーナリスト。

（12）BBC（2023年8月25日）

（13）「EU vs Disinfo」は、2015年にEU加盟国およびその近隣諸国に影響を与えるロシア連邦の偽情報キャンペーンをより適切に予測し、対処・対応するために設立された。主な目的はクレムリンの偽情報作戦に対する国民の認識と理解を高め、ヨーロッパおよびその他の地域の国民がデジタル情報やメディア操作に対する抵抗力を身につけることを助けることである。そのため、15言語のデータ分析およびメディア監視サービスを使用して、EUなどに広がる親クレムリンメディアに由来する偽情報を特定して公表し、それらをデータベース化している。https://euvsdisinfo.eu/disinformation-cases/?text=Nord%20Stream&date

（14）三好範英「欧州ガスパイプラインの歴史的背景（その2）」国際環境経済研究所レポート（2021年6月14日）

（15）手塚宏之「ウクライナ紛争の背景にあるエネルギー事情（その1）」国際環境経済研究所レポート（2022年3月29日）

（16）2015年のIEA（国際エネルギー機関）のOECD欧州諸国のガス輸入量予測によると2013年の量（2320億立方メートル）に比べて2025年には36パーセント増（3160億立方メートル）、2040年には55パーセント増（3600億立方メートル）と予測されていた。

（17）シュレーダーはドイツ首相を退任後の2006年3月、ロシア国営天然ガス会社ガスプロムの子会社ノルドストリームAGの役員に就任。2017年にはロシア国営の石油会社ロスネフチの会長に就任するなどロシア資源ビジネスに深く関わってきた。ノルドストリーム事業の旗振り役のシュレーダー元首相をなぞって政財界要人がロシアの手に落ちることを意味する「シュレーダリゼーション」なる造語もできた。

（18）手塚宏之「ウクライナ紛争の背景にあるエネルギー事情（その2）—天然ガスを巡るウクライナとロシアの確執」（2022年3月31日）

（19）木村眞澄「米国による追加対露制裁とノルドストリーム2への影響」石油・天然ガスレビュー　JOGMECアナリシス（2018年1月 VoL52 No1）

（20）2022年3月以降、ドイツ経済・気候保護省はエネルギー安全保障の進捗報告書を発表し、ロシア産エネルギー依存度の引き下げの進捗状況を発表している。同報告書によればロシア産エネルギーの依存度について、石炭は2022年秋までに、石油は2022年末までに0パーセント、天然ガスは2022年末までに30パーセント、2024年夏までに10パーセントまで下げるとしている。

【用語解説】

ＡＰＭ（Advanced Persistent Manipulator）

高度永続操作者。悪意あるサイバー攻撃者。

ＡＰＭ攻撃

標的組織のネットワークに長期間侵入し、情報を盗み出すことを目的とする。攻撃者は侵入後、標的ネットワーク内に存続し、データを盗み続けるため、高度なテクニックやツールを使用する。

ＡＰＴ（Advanced Persistent Threats）

主に組織や集団が、特定の組織や企業に対して、さまざまな手段を用いて行なう高度で持続的なサイバー脅威。

ＦＩＳＵ

ウクライナ対外情報庁。外国の政治、経済、軍事技術、科学技術、情報分野などにおける諜報活動ならびに国際組織犯罪、テロ対策に従事。

FSB

ロシア連邦保安庁

GRU

ロシア連邦軍参謀本部情報総局

GUR

ウクライナ国防省情報総局（ＭＤＩ・ＨＵＲなど複数の通称あり）。ソ連のＧＲＵのウクライナにおける後継機関で、主に軍事情報を収集。

KGB

ソ連国家保安委員会

MICE（マイス）

人が裏切る際の主要な動機を表す頭文字。金（Money）、イデオロギー（Ideology）、妥協（Compromise）、エゴ（Ego）をＭＩＣＥと呼ぶ。情報機関などでは敵対勢力のスパイに取り込まれないよう、この四つに注意を払っている。

NATO DEEP (Defense Education Enhancement Program)

ＮＡＴＯ内で訓練と教育、あるいは教員育成、カリキュラム開発、制度構築への共通アプローチの開発に専従する組織。２００７年にパートナー諸国のそれぞれの環境下で知識、スキル、経験を提供することを目的として発足。現在、16か国で活動を展開。ＮＡＴＯの価値をさらに促進し、高等軍事教育システム内でベストプラクティス（特定の目標を達成するための最も効果的で効率的な方法や手法）を共有することを目指している。ＮＡＴＯ ＤＥＥＰアカデミー（NATO DEEP eAcademy）は、ＮＡＴＯ ＤＥＥＰプログラムの分野で教育とトレーニングを提供。民間人および軍関係者の間でＮＡＴＯの価値観に対する共通の理解を促進し、専用のイベントを通じてさまざまな問題に関連するベストプラクティスを特定し、広めることを目的としている。

PR (Public Relations)

組織などが大衆に対してイメージや事業について伝播したり理解を得たりする活動を指す。わが国では、ＰＲを広告、広報、宣伝と同一視することもある。米軍ではＰＲの代わりにＰＡ（Public Affairs）と呼称している。

SBU

ウクライナ保安庁。ソ連時代のＫＧＢのウクライナにおける後継機関

SIS

英秘密情報部。通称ＭＩ６（エムアイシックス）

SVR
ロシア対外諜報庁

インテリジェンス・インフォメーション（Intelligence information）
秘密裏に得られた情報。『米軍統合用語事典』では、特にヒューミントで秘密裏に得られた情報に使用されるとしている。

影響工作（Influence operation）
情報を使って政治や社会に影響を与える活動。インターネット空間も活用し、フェイクニュースなどを使った情報操作、世論操作、選挙への影響画策、国家の分断・弱体・不安定化を企図する活動。敵の意思決定に影響を与えることを目的とした活動であり、ハイブリッド戦争においても重要な役割を果たしている。影響工作によって、敵国内の政治的、経済的、社会的状況を変えたり、敵国内に不和をあおることで、敵の動きを封じたり、自国の利益に沿うように誘導することができる。

エコーチェンバー現象
エコーチェンバーとは、反響室、残響室という意味で、音楽の録音などのため反響をよくした部屋で音が発せられるといつまでも音の反響が続き、最初に発せられた音が長時間残る。これと同様にエコーチェンバー現象はネット空間で発せられた極端な意見や誤情報がいつまでも存続し、強化される様子を表現したもの（２３４頁参照）。

	仮説１	仮説２	仮説３	仮説４	備　考
証拠1	×	×	○	○	
証拠2	×	○	○	×	
~~証拠3~~	~~×~~	~~×~~	~~×~~	~~×~~	削　除
証拠4	×	○	○	○	
証拠5	○	×	×	○	
~~証拠6~~	~~○~~	~~○~~	~~○~~	~~○~~	削　除
証拠7	△	×	○	○	
証拠8	○	×	○	×	
否　定	3	4	1	2	仮説3が暫定的結論

（仮説を肯定：○　仮説を否定：×　どちらとも言えない：△）

競合仮説分析（ACH）

脅威アクター

データセキュリティに影響を与える可能性のある内部または外部の攻撃者のこと。直接的なデータ窃取、フィッシング、脆弱性の悪用によるシステム侵害、マルウェアの作成などを行なう。

競合仮説分析（ACH：Analysis of Competing Hypotheses）

情報分析の手法の一つ。競合する仮説を立て、入手したエビデンス（証拠）と突き合わせて、各仮説との整合性を検討する。エビデンスと整合しないもの（否定的な）が多い仮説を減らし、整合しない（否定的な）ものが少ない仮説に絞り込む。この分析手法は、バイアスを軽減することを最大の目的としている。一般的には次の8つの手順からなる。

①仮説を列挙：グループによるブレインストーミングなどにより、考えられる仮説を漏れなく列挙する。次に分析を複雑にしないため、結論が異なると思われる特徴的な3～4つの仮説に絞り込む。

②重要なエビデンスのリストを作成：各仮説を評価できるような関連性のある重要なエビデンスのリストを作成する。

③仮説とエビデンスの整合性を評価：仮説（横軸に記入）とエビデンス（縦軸に記入）からなるマトリックスを作成。各エビデンスを

それぞれの仮説に照らして、整合するかしないかを評価し結果を記入していく。肯定的なエビデンス：○（1）、否定的なエビデンス：×（マイナス1）、どちらとも判定できないもの：△（0または空白）

④マトリックスを精査：仮説を整理・統合したり、別の仮説を付加したりして再検討する。すべての仮説に肯定的なエビデンス、または否定的なエビデンスの行は削除（あとで検証するために完全には削除しない）。

⑤暫定的な結論を案出：精査したマトリックスに基づいて、現時点での「暫定的な結論」を出す。否定的なエビデンスが最も少ないものが、最もありそうな仮説である。右図の場合、「仮説3」が暫定的な結論となる。

⑥最もありそうなエビデンスを再検討する：「暫定的な結論」が依拠している「最もありそうなエビデンス」を明らかにし、それを「偽情報や誤情報ではないか？」「異なる解釈ができないか？」などの観点から再検討する。もし仮説を変更する必要があれば、最初に戻って考え直す。

⑦結論を報告：検討したすべての仮説について報告する。この時、最もありそうな仮説だけでなく、相対的にありそうな仮説、ありそうにはないが起こった時に影響が大きい仮説なども報告する。

⑧将来の観測のための指標・兆候を特定：観測に必要な指標・兆候を特定し、リストを作成する。

広報（Public information）

広く（＝社会に対して）報じる（＝知らせる）という意味であり、組織などが社会に対する情報発信すること。

広告（advertising）

広告主の名で人々に商品やサービス・考え方などの存在・特徴・便益性などを知らせて人々の理解・納得を獲

得し、購買行動に導いたり、広告主の信用を高めたり、特定の主張に対する支持を獲得するなどの目的のために遂行する有料のコミュニケーション活動。そのための制作物を指すこともある。

コバートアクション（covert action）

コバートアクション（秘密工作活動）は、謀略活動、非公然活動などの訳語が当てられることもある。純粋なインテリジェンスの生成プロセスとは関わりりがなく、政策執行としての側面が強いことから、インテリジェンスの構成要素から除外する考え方もあるが、その多くは情報機関によって行なわれるため、インテリジェンス活動の一部として認知されている。そのため情報活動の中に、コバートアクションも含まれる。似たような言葉として、積極工作や影響工作がある。また秘密工作活動（covert action）と秘密作戦（secret operation）は秘密裏に行なわれ、形だけ見れば似たような結果になることもあるが、次の点で両者は決定的に異なる。秘密工作活動が計画や実行について、明確に特定の組織などの関与を否定、曖昧にすることを主眼とするのに対し、秘密作戦は少なくとも実行するまでは、その作戦自体を隠すことに主眼が置かれる。したがって、秘密作戦は２０１１年アメリカが行なったパキスタンにおけるビンラディン殺害作戦のように、作戦の実行前までは秘密だが、実行すれば国家や組織の関与が明らかになっても構わない作戦などを指す。

サイバー戦争

コンピューターネットワーク上で行なわれる戦争。敵性国家が仕掛けたサーバーテロに対する自国の機密情報システムの防護・反撃など、ネット上での攻防戦を指す。サイバー空間は、陸・海・空・宇宙に次ぐ5番目の戦場と認識されている。

ザキストカ

「掃討作戦」などとも訳されるが、民家を1軒ずつ襲って住民を殺害していく戦い方。

シュレーダリジェーション

ノルドストリーム事業の旗振り役として活動し、首相退任後ガスプロムの子会社ノルドストリームAGの役員などに就任したシュレーダー元ドイツ首相をなぞって政財界要人がロシアの手に落ちることを揶揄した造語。

情報戦（Information Warfare）

心理戦、電子戦などを含む、古くからあった概念だが、1990年代半ば頃から米国防総省や米軍においてその重要性が再認識されるようになった。当時の米国防大学のテキストなどでは「情報戦は戦争を遂行するうえでのいくつかの技術の総称であり、その中に指揮統制戦、電子戦、心理戦、サイバー戦、経済情報戦などを含む」としている。NATO DEEPアカデミー（NATO DEEP eAcademy）では「情報戦とは、相手に対して情報面で優位に立つために行なわれる作戦である。情報戦は自国の情報空間を支配し、自国の情報へのアクセスを保護する一方で、相手の情報を入手・利用し、相手の情報システムを破壊し、情報の流れを混乱させることで成立する。情報戦は新しい現象ではないが、技術の発展による情報伝達の高速化・大規模化という革新的な要素を含んでいる」と定義されている。ロシア・ウクライナ戦争においては、従来行なわれていた心理戦、電子戦、宣伝戦などのほかに「技術の発展による伝達の高速化・大規模化という革新的な要素」と表現されるように、個人や組織的にSNSなどを使うことで、詳細な敵の動きをリアルタイムで通報するなど革新的な使い方がされている。

積極工作（active measures）

他国の政策に影響を与えることを目的として、伝統的外交活動と表裏一体で推進され、ディスインフォメーションから暴力活動をともなう活動までの公然・非公然の諸工作。特にソ連（ロシア）で伝統的に行なわれているとされる。

戦略的コミュニケーション（SC：Strategic Communication）

国家戦略を実現するために明確な意図をもって行なう情報発信。

デジタルプラットフォーム（digital platform）

デジタル技術を活用して、ユーザーや事業者、デバイスやアプリケーションなどのさまざまな要素を結びつける「場」を提供するサービスの総称。ＥＣモール（Amazonや楽天市場など）や予約サービス、人材マッチングサービス、シェアリングサービス、フリマサービスなどさまざまな種類がある。

偽旗作戦（にせはたさくせん）（false flag operation）

敵側に誤った認識を与えて、我が望む行動をとらせるための軍事作戦行動。16世紀「海賊」が友好国の（偽）旗を掲げて相手を騙し、商船に近づいていったことが起源とされる。自国の軍や国民が他国やテロリストなどからの武力攻撃を受けたかのように偽装して被害者であると主張する、緊張状態にある国々の国境付近で、いずれかの側から攻撃が行なわれたように思わせて戦争を誘発させるなどといった行為。１９６４年、北ベトナム軍から先に米艦艇が魚雷攻撃されたとして、ベトナム戦争が本格化したトンキン湾事件などが事例として挙げられる。2014年のロシアのウクライナ侵攻や2022年のロシア・ウクライナ戦争において西側諸国がロシアの行動を非難する用語として頻繁に使われている。サイバーセキュリティの領域では、攻撃者が、別の攻撃者が仕掛けたかのような痕跡をわざと残し、防御側による攻撃者の特定をかわすことを指す。

認知戦（cognitive warfare）

統一された定義は、まだ存在しない。外部の実体（エンティティ）による世論の武器化であり、公共政策や政府の政策に影響を与えるため、または政府の行動や制度を不安定化させるために行なわれる。（2020年NATO戦略文書）。偽情報により相手の認知（認識）を誤った方向に導き、判断を誤らせる戦い（『情報戦、心理戦、そして認知戦』）。

認知バイアス（cognitive bias）

人がある意思決定をする時に、これまでの経験や先入観によって合理性を欠いた判断を下してしまう心理的な傾向

ハイブリッド戦争（hybrid warfare）

定義にばらつきがあり、特にわが国における一般的な使い方と欧米における使い方には解釈の違いがある。わが国では「ハイブリッド戦争とは、政治目的を達成するために軍事的脅迫とそれ以外のさまざまな手段、つまり正規戦・非正規戦が組み合わされた戦争の手法である。いわゆる軍事的な戦闘に加え、政治、経済、外交、プロパガンダを含む情報、心理戦などのツールのほか、テロや犯罪行為なども公式・非公式に組み合わされて展開さ

れる」との理解が主流。IISS（英国際戦略研究所）は、2015年5月19日、世界の武力紛争を分析したアームド・コンフリクト・サーベイ2015（Armed Conflict Survey 2015）で、ロシアが非正規軍を送り込み、クリミア半島を併合した手法を「ハイブリッド戦争」と規定したが、ロシア自身がハイブリッド戦争の概念を作り上げて西側に仕掛けているわけではない。むしろ、ロシアは自らが西側の仕掛けるハイブリッド戦争の犠牲者と考えている。また、古代の戦争においても正規軍と非正規軍は組み合わされて行なわれてきたので、ハイブリッド戦争という概念は決して新しい現象ではないとする意見もある。ヨーロッパでは「この概念は、宣戦布告された戦争の閾値（しきいち）を下回る状況で、特定の目的を達成するために国家または非国家主体が協調的に使用できる強制的および破壊的活動、従来型と非従来型の方法（外交、軍事、経済、技術など）の混合による」としている（欧州委員会「欧州連合におけるハイブリッド脅威に対する戦略」報告書、2016年4月）。このように、日本とヨーロッパとの解釈の大きな違いは、ハイブリッド戦争を平時からグレーゾーンまでの戦い（戦争の閾値を下回る状況）とするのに対し、日本は戦時（有事）も含めている点にある。

ハイマース（HIMARS）

「High Mobility Artillery Rocket System」の略で高機動ロケット砲システム。米陸軍が開発した装輪式自走多連装ロケット砲。MLRS（装軌式の多連装ロケット砲）の小型版として主に米軍の空挺部隊や海兵隊などに配備されている。輸送が容易で、集中的な運用が可能。ロシア・ウクライナ戦争では、戦況を変えるゲームチェンジャーとも呼ばれた。

パスワードスプレー攻撃

IDやパスワードを組み合わせて連続的に攻撃するブルートフォース（総当たり）攻撃の一種。ログイン制御を持つシステムでは、一定期間に一定の回数のログインエラーが起こると、アカウントが一定時間ロックされる仕組みを持つものがあるが、このアカウントロックを回避する手法の一つ。アカウントロックを回避することで、不正なログイン試行を検知されない。

フィルターバブル現象

SNSや検索サイトの最適化アルゴリズムが作るバブル（泡）に囲まれていて、そのバブルで雑多な情報がフィルタリングされることにより、見たい情報ばかりが入ってくる現象。その結果、ほかの情報にアクセスしにくくなり視野が狭くなる（233頁参照）。

プロパガンダ（宣伝）

「プロパガンダ」とは、国家などが個人や集団に働きかけることで政治的主義・主張を宣伝し、意図する方向へ世論を誘導・操作する行為。日本語訳では「宣伝」が当てられるが、「宣伝」は商業宣伝を意味することが多い。「宣伝」の原語である「propaganda（プロパガンダ）」には、本来カトリックの教えを広めるという意味があったが、1930年代以降ナチス・ドイツがプロパガンダの名のもとに狂信的な政治宣伝を展開したため、アメリカでは嫌悪される言葉となり、代わりに「PR」が使われるようになった。日本では宣伝に悪いニュアンスはなく、一般的には広告やPRと同じ意味で用いられている。プロパガンダは次の3つに区分されることもある。

ホワイト・プロパガンダ：白色宣伝。確認できる情報源により、事実で構成された宣伝。

グレー・プロパガンダ：灰色宣伝。情報の発信元は公然かつ明確だが、一定の宣伝目的を達成するように情報の不都合な部分を隠して都合のいい部分のみを拡散させる。

ブラック・プロパガンダ：黒色宣伝。嘘や作り事で構成された宣伝。秘密組織などが特別な目的をもって行なう。

ミーム

インターネットを通じて人から人へ模倣され拡散していく話、文化、行動。

目に見えない戦い

間接侵略を目に見えない戦いと呼ぶこともあるが、本書では物理的な破壊行為がなく（ノンキネティック）、目に見えない手段を用いた戦闘や攻撃、またはその準備や支援行為を指す。それらの活動としてはハイブリッド戦争、情報戦、認知戦、サイバー戦、秘密工作活動などの一部や大部分が包含されている。

ワイパー型マルウェア

「データを破壊する」動作をするコンピュータウイルス。ウイルスには感染によってデータを暗号化し、身代金（ランサム）を要求するランサムウェアや、情報を盗み出し外部へ送るスパイウェアなどさまざまなものがある。なかでもデータを破壊するワイパー型マルウェアは非常に対処が困難とされる。

【参考文献】

青葉やまと「アメリカ軍より優れる―ウクライナ内製ソフトで砲撃20倍迅速に」（ニューズウィーク日本版、2022年5月26日）
アンヌ・モレリ『戦争プロパガンダ10の法則』（草思社文庫、2015年）
飯塚恵子『ドキュメント誘導工作―情報操作の巧妙な罠』（中公新書ラクレ、2019年）
一田和樹『ウクライナ侵攻と情報戦』（扶桑社、2022年）
一田和樹「ウクライナ侵攻から1年、世界の半分以上はウクライナを支持していない」（ニューズウィーク日本版、2023年3月6日）
上田篤盛『戦略的インテリジェンス入門―分析手法の手引き』（並木書房、2016年）
烏賀陽弘道『フェイクニュースの見分け方』（新潮社、2017年）
エリオット・ヒギンズ、安原和見訳『ベリングキャット―デジタルハンター、国家の嘘を暴く』（筑摩書房、2022年）
亀井昭宏（監修）、電通広告用語事典プロジェクトチーム（編集）『改訂 新広告用語事典』（電通、2001年）
北岡元『インテリジェンス入門―利益を実現する知識の創造』（慶応義塾大学出版会、2009年）
木村眞澄「米国による追加対露制裁とノルドストリーム2への影響」（石油・天然ガスレビュー、JOGMECアナリシス、2018年1月Vol52 NO1）
桒原響子「日本のイメージが世界で改善し続けている事情―安倍政権が試みる広報戦略の強みと弱み」（東洋経済ONLINE、2019年5月8日）
小谷賢『インテリジェンス―国家・組織は情報をいかに扱うべきか』（ちくま学芸文庫、2012年）
小谷賢『日本軍のインテリジェンス―なぜ情報が活かされないのか』（講談社、2007年）

坂本正弘「ロシアのウクライナ侵攻に関する国連決議に見るロシアの国際的評価」（日本国際フォーラム　２０２２年12月1日）
佐藤雅俊、上田篤盛『情報戦、心理戦、そして認知戦』（並木書房、２０２３年）
篠田英朗「『ロシアの侵略』を非難する国連総会決議に『反対票』を投じた『6つの国』と『中立国』の思惑」（現代ビジネス、２０２３年3月1日）
志田淳二郎『ハイブリッド戦争の時代―狙われる民主主義』（並木書房、２０２１年）
総務省「メディア情報リテラシー向上施策の現状と課題等に関する調査」（２０２２年6月24日掲載）
https://www.soumu.go.jp/main_content/000820945.pdf
高木徹『ドキュメント戦争広告代理店―情報操作とボスニア紛争』（講談社、２００２年）
高木徹「ウクライナのPR戦略と『戦争広告代理店』」（外交Ｖｏｌ80ダイジェスト）
手塚宏之「ウクライナ紛争の背景にあるエネルギー事情（その1）―エネルギーをロシアに依存する欧州」（国際環境経済研究所レポート、２０２２年3月29日）
手塚宏之「ウクライナ紛争の背景にあるエネルギー事情（その2）―天然ガスを巡るウクライナとロシアの確執」（国際環境経済研究所レポート、２０２２年3月31日）
廣瀬陽子『ハイブリッド戦争―ロシアの新しい国家戦略』）（講談社、２０２１年）
樋口敬祐、上田篤盛、志田淳二郎『インテリジェンス用語事典』（並木書房、２０２２年）
樋口譲次『ウクライナ戦争徹底分析―ロシア軍はなぜこんなに弱いのか』（扶桑社、２０２２年
マーク・ローエンタール、茂田宏（監訳）『インテリジェンス―機密から政策へ』（慶応義塾大学出版会、２０１１年）
マラート・ガビドゥリン、小泉悠（監修）『ワグネル―プーチンの秘密軍隊』（東京堂出版、２０２３年）
三好範英「欧州ガスパイプラインの歴史的背景（その1）」（国際環境経済研究所レポート、２０２１年3月5日）
三好範英「欧州ガスパイプラインの歴史的背景（その2）」（国際環境経済研究所レポート、２０２１年6月14日）
渡部悦和、井上武、佐々木孝博『プーチンの「超限戦」』（ワニブックス、２０２２年）
ブリューゲンファン・イザベル「ロシアはウクライナでなく日本攻撃を準備していた…ＦＳＢ内通者のメールを本誌が

入手」（ニューズウィーク日本版、２０２２年11月25日）

Ｐ・Ｗ・シンガー、エマーソン・Ｔ・ブルッキング、小林由香利訳『「いいね！」戦争 兵器化するソーシャルメディア』（ＮＨＫ出版、２０１９年）

Brugen, Isabel van Russia Planned To Attack Japan in 2021: Leaked FSB Letters（Newsweek 2022Nov 24,）

Caulfield, Mike Wineburg, Sam Verified: How to Think Straight, Get Duped Less, and Make Better Decisions about What to Believe Online : University of Chicago Press（2023/11/16）

U.S. DEPARTMENT of STATE Global Engagement Center：GEC Special Report, Kremlin-Funded Media:RT and Sputnik's Role in Russia's Disinformation and Propaganda Ecosystem January（2022）

U.S. Directorate National Intelligence Agency：Background to "Assessing Russian Activities and Intentions in Recent US Elections : The Analytic Process and Cyber Incident Attribution"（2017/1/6）

おわりに

本書は、2022年10月から23年4月まで、メルマガ「軍事情報」に連載した「ウクライナ情報戦争」の記事がベースになっています。同連載は、ロシア・ウクライナ戦争における情報戦、インテリジェンスなどに関して筆者が気になったことを不定期に書き綴ったものです。

兵器による物理的な破壊や損耗は、数字で表すことができ、目に見えるかたちで勝ち負けがはっきりわかります。しかし、情報をめぐる戦いは目には見えず、勝敗やその効果はよくわかりません。

ロシアとウクライナの物理的に見える戦いの裏で情報を介してどのような攻防が行なわれているのか、本書はオシント（公開情報）をもとに明らかにしたものです。

調べているうちに、戦いでは軍隊だけでなく、民間の軍事会社、情報調査会社、衛星通信会社、衛星画像情報会社、フェイクニュース製造工場、戦争ＰＲ会社などが大きな役割を占めていることがわかりました。

本書のメインのテーマは「ロシア・ウクライナで行なわれている情報をめぐる戦い」で、サブテーマは「フェイクニュースに騙されないための心構え」です。なぜこのサブテーマになったのか、少し説明したいと思います。

「インテリジェンス」は、何かを判断したり、行動したりする時に必要とされる知識で、戦争のたびに進化してきたという経緯があります。しかし、非常時以外、インテリジェンスは、それほど重要視されないのも事実です。

どんなに重要だと思われるインテリジェンスも、受け手がそれに価値を見いださなければ、まさに「豚に真珠」「馬の耳に念仏」のようなものです。すぐに対応する意思や手段がなければ、インテリジェンスの価値はありません。

わが国は戦後長く、安全保障の大半をアメリカに依存してきました。その間は、インテリジェンスもアメリカに任せていれば事足りました。

しかし、次第に国際貢献や日本周辺の厳しい安全保障環境下において、独自の政策を実行する必要に迫られるようになると、インテリジェンスが重要な意味を持つようになってきました。

筆者は、そのような時代の変わり目の時期も含め、1997年の情報本部設置前から2020年まで20年以上、防衛省（庁）で情報分析業務に関わってきました。その間、フェイクニュースに飛びついて間違った分析結果を導き出しそうになったこともありました。

特に分析官になりたての頃には「○○国の指導者が死亡した」「○○でテロが起こりそうだ」などの伝聞情報に飛びついて、すぐに上層部に報告しようとしたり、ミスリードしそうな分析を行なったりしました。いま思うと冷や汗が出るような失敗です。

信頼できる確かな情報筋から聞いたのに、まったくの「ガセネタ」だったこともありました。いくら信頼できる情報源であっても、情報の内容が正しいとは限りません。そのような経験を通じて、情報源の信頼性と情報の内容の正確性は、別々に判断する必要があるということを身に染みて覚えました。

幸い、そのようなガセネタは、先輩や上司の適時適切な指導で修正され、間違った報告を上げる事態には至りませんでした。その指導の過程において、分析を導き出すためのエビデンスや情報源の信頼性や正確性、さらには文章の論理性など、細かく指摘されました。

情報分析官として長く勤務するあいだに、情報分析の手法や、どうしたらフェイクニュースに騙されないようにできるかなどについて考えてきました。

情報には鮮度が命という側面があります。しかし、それが正しいかどうか確認せずに、すぐに飛びつくのは危険です。その一方で、正確さを追求するあまり、鮮度が落ちてしまっては、その情報は役に立ちません。このように情報には相反する要素があります。

つまり、情報は早く、正確で、かつタイミング（適時性）が重要です。

情報本部で定年を迎え、その後、再任用されてからは、主任分析官兼教官という立場で9年間、後輩たちに私の経験などから得たノウハウを教えてきました。

しかし、当時は、それらのノウハウを体系的にまとめるまでには至りませんでした。2020年に再任用期間を終え、退職後もインテリジェンスの歴史やSNSを活用した情報収集と分析業務についても研究を重ねてきました。現在はそれらの経験や研究をベースに、拓殖大学大学院で「国際情報管理」という科目で講義を行なっています。

現在、インターネットやSNSなどの発達により、フェイクニュースの拡散は正しい情報よりも6倍も早いといわれています。にもかかわらず、それに対抗する明確な考え方や術はありません。

情報組織であれば、フェイクニュースは、複数の情報源によるクロスチェックや上司への報告の過程などで排除できます。しかし、一個人では相当意識していなければ、フェイクニュースを見抜くことは困難です。

本書で記したように、インターネットの便利な機能により、知らない間にフィルターバブルに覆われ、エコーチェンバーに入り込んでいる可能性があるからです。

そこで本書では、最後に情報処理や分析のノウハウを紹介するとともに、ロシア・ウクライナ戦争の事例を挙げながら具体的にその手法を解説しました。

もちろん騙そうとする側も必死で、あの手この手を考えてくるので、フェイクニュースを見抜くのは簡単ではありませんが、本書で紹介した手順を踏んでいけば、その真贋をチェックすることは可能です。

本書が読者の情報収集・分析に役立ち、国民レベルでのインテリジェンスリテラシー（情報に関する知識）醸成の一助になることを期待しています。

樋口敬祐

２０２４年１月

樋口敬祐（ひぐち・けいすけ）
1956年長崎県生まれ。拓殖大学大学院非常勤講師。元防衛省情報本部分析部主任分析官。防衛大学校卒業後、1979年に陸上自衛隊入隊。95年統合幕僚会議事務局（第2幕僚室）勤務以降、情報関係職に従事。陸上自衛隊調査学校情報教官、防衛省情報本部分析部分析官などとして勤務。2011年に再任用となり主任分析官兼分析教官を務める。その間に拓殖大学博士前期課程修了。修士（安全保障）。拓殖大学大学院博士後期課程修了。博士（安全保障）。2020年定年退官（1等陸佐）。著書に『2020年生き残りの戦略』（共著・創成社）、『2021年パワーポリティクスの時代』（共著・創成社）、『インテリジェンス用語事典』（共著・並木書房）などがある。

ウクライナとロシアは情報戦を
どう戦っているか

—誰もが情報戦の戦闘員—

2024年2月5日　印刷
2024年2月15日　発行

著　者　　樋口敬祐
発行者　　奈須田若仁
発行所　　並木書房
〒170-0002 東京都豊島区巣鴨 2-4-2-501
電話(03)6903-4366　fax(03)6903-4368
http://www.namiki-shobo.co.jp
印刷製本　モリモト印刷
ISBN978-4-89063-445-3

インテリジェンス用語事典

四六判・四四四頁
定価２６００円＋税

川上高司［監修］
樋口敬祐、上田篤盛、志田淳二郎［執筆］

２０２５年の大学入学共通テストから「情報」が出題教科に追加される。しかし、日本における「情報」に関する認識は低い。日本語の「情報」は、英語のインフォメーションとインテリジェンスの訳語として使われているため、両者の意味が混在しているが、欧米の有識者の間では明確に区別されている。状況を正しく判断して適切な行動をするには、インテリジェンスの知識は欠かせない。自衛隊情報分析官を長く務めた専門家らが中心となり、インテリジェンスの業界用語・隠語、情報分析の手法、各国の情報機関、主要なスパイおよび事件、サイバーセキュリティ関連用語など、インテリジェンスを理解するための基礎知識を多数の図版をまじえて１０４０項目収録！

インテリジェンス用語事典
［監修］川上高司
［執筆］樋口敬祐 上田篤盛 志田淳二郎
情報分析のプロがひも解く
インテリジェンスを理解するための基礎知識
国際情勢を理解する上で必携！